Les

Races Chevalines

AVEC UNE ÉTUDE SPÉCIALE

SUR LES

Chevaux Russes

PAR

le Dr L. DE SIMONOFF

ET

J. DE MOERDER

PARIS

LIBRAIRIE AGRICOLE DE LA MAISON RUSTIQUE

26, rue Jacob, 26

Photogravures de Rougeron, Vignerot & Cie

LES
RACES CHEVALINES

AVEC UNE ÉTUDE SPÉCIALE

SUR LES CHEVAUX RUSSES

TYPOGRAPHIE FIRMIN-DIDOT ET Cⁱᵉ. — MESNIL (EURE).

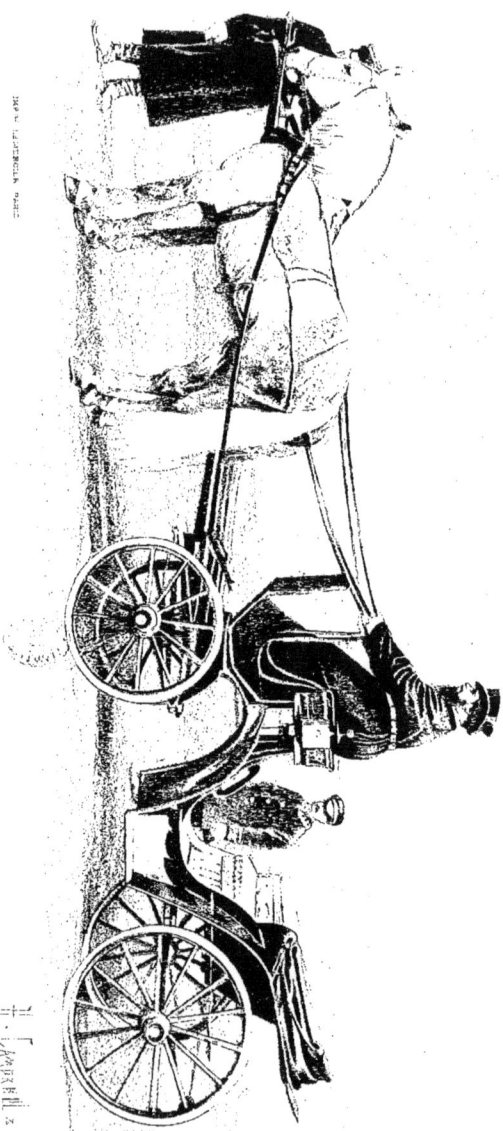

ATTELAGE DE SA MAJESTÉ L'IMPÉRATRICE DE RUSSIE.
Cheval de gauche PRAVDINE, de droite MOGOUTCHY,
tous deux du haras de M.me S. Goutkow.

LES
RACES CHEVALINES

AVEC UNE ÉTUDE SPÉCIALE

SUR LES CHEVAUX RUSSES

PAR

M. le Dr LEONID DE SIMONOFF

CORRESPONDANT DE LA DIRECTION GÉNÉRALE DES HARAS RUSSES

ET

M. JEAN DE MOERDER

DIRECTEUR DE L'ADMINISTRATION DE LA DIRECTION GÉNÉRALE DES HARAS RUSSES

Ouvrage précédé d'une lettre du général baron FAVEROT DE KERBRECH

INSPECTEUR GÉNÉRAL PERMANENT DES REMONTES EN FRANCE

*Orné de 32 planches en chromolithographie d'après les aquarelles
de M. Samokisch et de M. Bounine
et de 70 photogravures d'après les dessins de M. Samokisch*

PARIS
LIBRAIRIE AGRICOLE DE LA MAISON RUSTIQUE
26, RUE JACOB, 26

A SON EXCELLENCE

M. le Comte VORONTZOW-DACHKOW

DIRECTEUR GÉNÉRAL DES HARAS

ET MINISTRE DE LA COUR IMPÉRIALE DE RUSSIE

HOMMAGE DES AUTEURS

LETTRE

DU GÉNÉRAL BARON FAVEROT DE KERBRECH,

INSPECTEUR GÉNÉRAL PERMANENT DES REMONTES EN FRANCE

A MONSIEUR LE DOCTEUR L. DE SIMONOFF

———

Monsieur le Docteur,

Je viens de lire avec le plus vif intérêt les épreuves de l'ouvrage que S. E. M. Jean de Moerder et vous allez publier sur les chevaux de l'ancien et du nouveau monde, et je m'empresse de vous remercier de votre communication.

Recevez aussi mes félicitations les plus sincères pour la conscience avec laquelle vous avez étudié les diverses races chevalines de la France, de l'Angleterre, de l'Allemagne et des autres pays.

Votre livre contient sur celles de la Russie des renseignements d'autant plus curieux qu'ils sont absolument nouveaux pour la plupart des Français, et il permet de

se faire une idée des immenses ressources de toute nature que renferme votre grand pays.

Les portraits en noir et en couleurs qui accompagnent
le texte donnent de la vie à vos descriptions et en démon-
trent l'exactitude en parlant aux yeux. C'est certainement
la plus complète collection de ce genre qui ait jamais
été offerte au public.

Votre remarquable étude, qui s'étend à tous les peuples
civilisés, sera consultée avec fruit par les cavaliers et les
érudits de toutes les nations.

Je suis heureux, Monsieur le Docteur, de saisir cette
occasion pour vous renouveler l'assurance de mes sentiments
très distingués.

Gal *FAVEROT.*

Paris, 19 mars 1894.

NOTE DES AUTEURS

Le présent ouvrage n'a pu être mené à bonne fin que grâce à la haute protection du Directeur général des haras de l'Empire de Russie, Son Excellence le Comte Vorontzow-Dachkow, ministre de la Cour Impériale.

Sans cette protection, nous n'aurions pu ni rassembler une collection aussi complète de portraits des différentes races chevalines russes, ni obtenir plusieurs détails les concernant, ni avoir des renseignements nécessaires des administrations des haras étrangers.

C'était donc un devoir bien naturel pour nous de nous adresser à Son Excellence le Comte Vorontzow-Dachkow, afin qu'il voulût bien nous autoriser à lui dédier notre travail, et à le placer sous son haut et bienveillant patronage.

Nous nous croyons tenus d'exprimer publiquement toute notre gratitude à Son Excellence le Baron Frederichs, grand écuyer de Sa Majesté, pour son concours gracieux.

a

Nous nous permettons aussi de remercier chaudement M. P. Plazen, Directeur des haras en France, et M. le général baron Faverot de Kerbrech, Inspecteur général permanent des remontes, pour l'accueil favorable qu'ils ont bien voulu faire à notre travail, ainsi que M. H. Vallée de Loncey, dont les conseils amicaux ont beaucoup facilité nos études sur les races chevalines françaises.

Nous adressons nos remerciements sincères aux administrateurs des Imprimeries Lemercier pour la bonne exécution des planches coloriées, et à MM. Rougeron, Vignerot et Cie pour celle des photogravures.

Enfin nous ne pouvons passer sous silence les services très précieux et tout à fait désintéressés que nous a rendus M. Delton, directeur bien connu de la *Photographie hippique*, au Bois de Boulogne, à Paris. Plusieurs de nos meilleurs dessins sont faits d'après ses photographies.

Librairie Agricole de la Maison Rustique.

H. Быковъ.

Pl. II. Collection du D.ʳ L. Simonoff.

ARIBELLA (Sans, taille 1ᵐ 54'')
Jument arabe du haras du Comte Joseph Potocky.
(Écuries Impériales).

IMP.ⁿ L.MERCIER PARIS.

INTRODUCTION

———

L'objet de cet ouvrage est de faire la revue des races chevalines plus ou moins connues de tous les pays ; de démontrer, autant que possible, l'origine et l'utilité pratique de chacune d'elles.

Pour que l'ouvrage fût complet, il a fallu le commencer par des notions générales sur le cheval, déterminer sa place dans la nature et indiquer l'origine probable du cheval domestique.

Au point de vue pratique, nous avons cru utile d'adopter la division de toutes les races chevalines existantes en deux grands groupes : *le type oriental* et *le type occidental* ou *norique*.

Bien que la plupart des chevaux de l'Europe occidentale et de leurs dérivés dans d'autres pays ne soient plus à présent que les produits du mélange des deux types, il en reste cependant quelques-uns dans lesquels les traits caractéristiques du type norique se sont conservés presque intacts, notamment dans les chevaux de la race de *Pinzgau* (voir page 16 et figure 12). Quant au type oriental, il a encore un nombre considérable de représentants entièrement purs, entre autres les chevaux arabes ou persans et toutes les races de steppes de la Russie.

L'étude des caractères essentiels des deux types est donc possible ; on peut en acquérir une connaissance suffisante d'après les dessins contenus dans ce livre (figures 12, 13, 14 et 15, planches II, III et autres), dessins qui sont la reproduction fidèle de la nature. L'expérience nous a prouvé que, pour celui qui possède mentalement la représentation exacte des deux types, l'étude des races chevalines en général est singulièrement facilitée. Un coup d'œil attentif lui suffit ordinairement, non seulement pour ranger les individus de races pures dans l'un de ces deux types, mais encore pour apprécier avec plus ou moins de certitude l'influence de chacun de ces types sur les chevaux métissés. Son jugement devient beaucoup plus sûr et plus fécond en ce qui concerne la création, la conservation ou la propagation des races.

C'est pour cette raison que nous avons commencé notre revue par les représentants purs des deux types : oriental et occidental. Quant aux chevaux du type occidental, nous n'avons décrit à cet endroit que la race de *Pinzgau*, car c'est la seule race de ce type qui soit restée pure ou presque pure jusqu'à présent. Parmi les chevaux du type oriental, nous avons choisi les plus nobles : arabe, persan et barbe, en y ajoutant le cheval de *Dongola*, à cause de son originalité exceptionnelle. La plupart des autres races orientales appartiennent à la Russie et sont décrites parmi les chevaux de cet empire.

Comme pays de chevaux, la Russie occupe en général une place à part, prépondérante, tant par le nombre d'individus que par la variété des races.

Tandis que tous les pays de l'Europe pris ensemble, à l'exception de la Russie, ne possèdent guère plus de 16 à 18 millions de chevaux, la Russie d'Europe seule en compte au moins 22 millions, et l'ensemble de l'Empire probablement plus de 40 millions.

Dans l'Europe occidentale, la différence des races chevalines est déjà plus ou moins effacée par la civilisation uniforme et très répandue, par le manque d'espace et par le besoin pressant qui restreint la production aux buts strictement utilitaires. En laissant de côté les rares débris de races primitives que l'on rencontre encore par hasard dans quelques coins reculés, par exemple le poney shetlandais dans les îles du même nom, il n'y a pour le moment, dans l'Europe occidentale, de vraiment original et typique que le pur sang anglais et certaines belles races de chevaux de gros trait. Tous les autres chevaux européens, issus de mélanges de hasard ou d'opportunité, manquent de caractères assez définis pour constituer des races et assez constants pour assurer à leur postérité l'hérédité des qualités acquises. Tout y change d'une génération à l'autre, selon le caprice ou le besoin de l'homme.

Si l'on ne considère que les chevaux de haras, la Russie ne fait pas exception aux autres pays de l'Europe. Ses haras n'ont pu créer que deux races typiques qui restent encore debout : le trotteur et le bitugue. Les chevaux de selle de nos haras sont souvent très beaux, mais ne conservent plus aucun caractère qui leur soit spécial.

La vraie, la grande richesse de la Russie gît dans ses races naturelles, primitives, races de steppes et leurs dérivées. Plusieurs de ces races, existant depuis un temps immémorial, toujours dans les mêmes conditions, ont pu acquérir une constance qui ne se perdra pas facilement et qui est du reste garantie par le nombre considérable d'individus qui appartiennent à ces races. Au point de vue de la variété des races aussi bien que du nombre de chevaux en général, non seulement il n'existe nulle part rien de semblable, mais tous les pays du monde pris ensemble ne représentent pas même la moitié de ce que possède la Russie seule.

Il n'y a donc rien d'étonnant que la description des races russes prenne une assez grande partie de ce livre, et il serait d'autant plus impardonnable d'abréger cette description pour les éditions en langues étrangères, que l'on peut être sûr que ces races, si riches en nombre et en variété, exerceront dans l'avenir une grande influence sur le renouvellement des races européennes, et que par conséquent l'étude des chevaux russes n'offre pas moins d'intérêt pour les étrangers que pour nous.

D'après les savants, les steppes de la Russie asiatique ont été la terre natale de tous les chevaux domestiques existants, qui de là se sont répandus dans le monde entier. Depuis un temps immémorial, le mouvement des chevaux de la Russie d'Asie vers la Russie d'Europe et de celle-ci vers les pays de l'Occident continue toujours; et plus tard, quand les voies de communication auront été améliorées, et surtout quand nos chevaux seront plus connus à l'étranger, ce mouvement augmentera sans doute considérablement. Nous espérons que cet ouvrage, dont les planches coloriées représentent les portraits fidèles des chevaux typiques de nos races les plus importantes, aura pour effet d'y contribuer.

Nous avons tâché d'apporter la même application à l'étude des races chevalines de tous les pays indistinctement; mais pour celles des pays autres que la Russie, il nous manquait certains renseignements qui ne pouvaient être fournis que par les institutions publiques ou gouvernementales, et que, pour ce qui touche les races russes, nous avons reçus abondamment de la Direction générale des haras de l'Empire de Russie. Cependant, quant aux races françaises, cette lacune a pu être comblée grâce au concours plein de bienveillance du Directeur des haras français, M. *P. Plazen*, qui s'est acquis tous les droits à notre sincère reconnaissance.

Des dessins noirs, à la plume, accompagnent la description de la plupart des races, — de toutes celles dont nous avons pu nous procurer ou faire nous-mêmes les photographies. — Quant aux portraits coloriés des chevaux de races étrangères, nous n'en donnons que cinq : le cheval arabe, le cheval persan, le pur sang anglais, le percheron et le clydesdale. Cette apparente parcimonie, en comparaison du grand nombre de portraits coloriés des chevaux russes, est le résultat naturel d'abord du rapport numérique existant entre les races russes et celles des autres pays, rapport dont nous avons parlé plus haut. Puis toutes les races de l'Europe occidentale dignes d'attention sont si connues partout, que les dessins noirs suffisent pour les faire reconnaître; nous avons tâché que ces dessins fussent fidèles et bien faits. Au contraire, une idée exacte de plusieurs races russes, notamment de celles de steppes, ne peut être donnée sans portraits coloriés, tellement ces races sont originales, même au point de vue de la coloration de leurs robes. Pour s'en convaincre il suffit de jeter un coup d'œil sur les planches.

Notre ouvrage ayant en vue le public en général, c'est-à-dire tous ceux qui aiment le cheval, nous nous sommes efforcé de le rendre compréhensible et intéressant, au moins par ses dessins, pour tout le monde. Au lecteur de juger si nous y avons réussi.

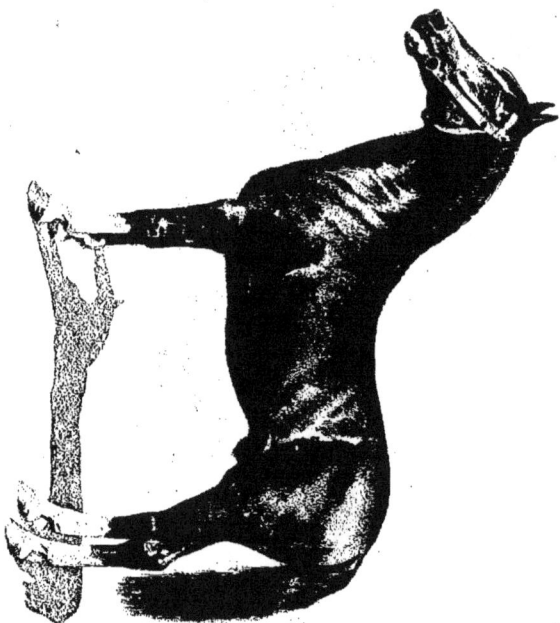

PACHA (Hauteur 1^m 49)
Étalon de race persane,
offert par S.M. le Shah de Perse à S.A.I. le Grand Duc Héritier de Russie.

H. Lunuнъ

LES

RACES CHEVALINES

PREMIÈRE PARTIE

LE CHEVAL EN GÉNÉRAL
ET L'ORIGINE DU CHEVAL DOMESTIQUE

CHAPITRE PREMIER.

LE GENRE CHEVAL.

Le genre CHEVAL (*equus*) forme à lui seul toute une famille d'animaux, famille connue sous le nom de SOLIPÈDES (*solidungula*). Dans la zoologie le mot « solipède » est le synonyme de cheval. Outre le cheval proprement dit (*equus caballus*), le genre EQUUS comprend l'âne (*equus asinus*), l'hémione (*equus hemionus*) et le zèbre (*equus zebra* et ses deux variétés : *equus quagga* et *equus Burchellii*).

En comparant nos chevaux et nos ânes domestiques, nous trouvons certainement entre eux une grande différence, différence telle que nous les distinguons l'un de l'autre sans aucune difficulté. L'âne est ordinairement plus petit de taille ; sa tête est, au contraire, relativement plus grande

et plus lourde que celle du cheval; ses oreilles sont beaucoup plus longues, sa crinière courte et droite et sa queue
garnie de crins à son extrémité seulement (1). Mais en réalité il n'y a que la longueur proverbiale des oreilles et le

Fig. 1. — *Tarpan*, cheval sauvage de l'Asie centrale.

manque de crins à la moitié supérieure de la queue qui

(1) Selon *Hexly*, le signe le plus caractéristique de l'âne, le signe qui le distingue surtout du cheval est l'absence de *chataignes* à ses membres postérieurs.
Le cheval possède, comme on le sait, les chataignes sur les quatre membres. Mais
cette distinction, peu importante par elle-même, n'est pas constante. Ainsi le
tarpan, décrit par J. Chatiloff et représenté par la figure 19, était privé de chataignes aux membres postérieurs; et cependant il n'y a aucun doute que c'était
un cheval et non pas un âne. On appelle *chataignes* les petites excroissances cor-
nées disposées sur la face interne des avant-bras et des jarrets du cheval. Les
jarrets de l'âne sont ordinairement privés de chataignes; il n'en a que sur les
avant-bras.

puissent être cités comme traits assez caractéristiques et
suffisamment constants de l'âne. Quant aux autres particularités mentionnées ci-dessus, on les rencontre aussi
dans les représentants de différentes races de chevaux, et
elles ne peuvent, par conséquent, servir de signes distinctifs de l'âne.

Fig. 2. — *Cheval de Przevalsky*, cheval sauvage des steppes aux environs du lac Lob-Nor
en Asie centrale. Poulain âgé d'environ 2 ans.

Le dessin est fait d'après un animal empaillé du Musée zoologique de l'Académie des sciences, à Saint-Pétersbourg
(exemplaire jusqu'à présent unique).

D'après les formes de son corps, le zèbre a encore plus
de ressemblance avec le cheval; les raies qui sillonnent sa
robe ne sont qu'un signe de peu d'importance et se rencontrent quelquefois chez le cheval, bien que disposées ordinairement avec beaucoup moins de régularité.

En général, au point de vue zoologique, la ressemblance entre l'âne, le cheval et le zèbre est si grande que les savants discutent encore si ces animaux forment chacun une *espèce* (*species*) à part ou sont seulement des *variétés* d'une même espèce.

La ressemblance est surtout grande entre les représen-

Fig. 3. — *Hémione* de l'Asie centrale.

tants sauvages de ces animaux; il y en a parmi eux qui rappellent en même temps l'âne et le cheval et forment pour ainsi dire un être intermédiaire entre les deux.

La figure 1 représente un cheval sauvage connu sous le nom de *tarpan*. On le rencontre en Sibérie et en Asie centrale; il a tous les signes caractéristiques du cheval, dont les principaux sont : la queue entièrement couverte de crins et les oreilles courtes.

Le cheval sauvage de Przevalsky (*equus Przevalskii*), représenté figure 2, après examen attentif (voir plus bas),

Fig. 4. — *Dauw.*
Dessiné d'après la photographie faite au Jardin d'Acclimatation de Paris.

doit être placé aussi parmi les chevaux ; mais il rappelle aussi beaucoup l'âne par sa tête lourde et sans toupet, par ses oreilles relativement assez longues, par la forme de ses sabots et sa queue dépourvue de crins à sa partie supérieure.

L'alliage du cheval et de l'âne est frappant dans *l'hémione* (*equus hemionus*), connu aussi sous le nom de *khoulan* ou *dgiguitaï* et représenté figure 3. Cette double ressemblance de l'hémione avec l'âne et le cheval en même temps a été précisément cause que parmi les savants les uns se croyaient autorisés à supposer qu'il est la souche sauvage de nos chevaux domestiques, et les autres, qu'il est l'ancêtre de l'âne domestique. Les deux opinions sont probablement égale-

Fig. 5. — *Ane domestique* de l'Europe centrale (Allemagne).
D'après photographie.

ment erronées, car dans la nature existent des chevaux et des ânes sauvages qui peuvent revendiquer avec plus de droit la paternité de leurs homonymes domestiques (voir plus bas). Nous ne les citons que comme preuve de la grande ressemblance de l'hémione (1) avec l'âne et le cheval. Quelques raies transversales que l'on aperçoit souvent

(1) Il faudrait dire plutôt *l'hémiâne,* c'est-à-dire demi-âne.

sur les membres de l'hémione le rapprochent aussi du zèbre.

Le *dauw* ou *cheval tigré de Burchell* (*equus Burchellii*) est de toutes les variétés du zèbre celui qui ressemble le plus au cheval; il en diffère seulement par la queue non

Fig. 6. — *Ane sauvage* d'Afrique.

entièrement couverte de crins, et par les raies noires qui bariolent sa robe. Le dauw est représenté par la figure 4.

En un mot il y a une si grande ressemblance entre les différents représentants du genre « cheval » et si peu de signes qui les distinguent les uns des autres d'une manière certaine, que l'on comprend facilement les hésitations des

savants au sujet du classement de ces animaux dans une
seule ou dans plusieurs espèces zoologiques.

Mais plus la domestication fait de progrès, plus on y
sent la main de l'homme, plus on voit s'accentuer la différence. Le cheval anglais pur sang et le trotteur Orlow ont
pris, sous la main de l'homme, des formes et des qualités qui

Fig. 7. — *Ane domestique* d'Égypte.
D'après photographie.

les font peu ressemblants non seulement à l'âne, à l'hémione
ou au zèbre, mais au tarpan même.

Jusqu'à présent, on n'est parvenu que rarement à apprivoiser le zèbre, et l'expérience est encore trop incomplète pour
qu'on puisse juger des résultats. Quant à l'âne, son mode
d'éducation en Europe l'a encore plus éloigné du cheval, en
accentuant, pour ainsi dire, ses qualités d'âne. Pour s'en
assurer il suffit de comparer l'âne domestique (*asinus vul-
garis*) représenté par la figure 5, avec l'âne sauvage d'A-

SKAKOUNIA (8 ans, taille 1m 18^{cc})
Jument de race kirghize, provenant des steppes kirghizes.
Appartient à M. A. J. Moerder.

H. Lambville.

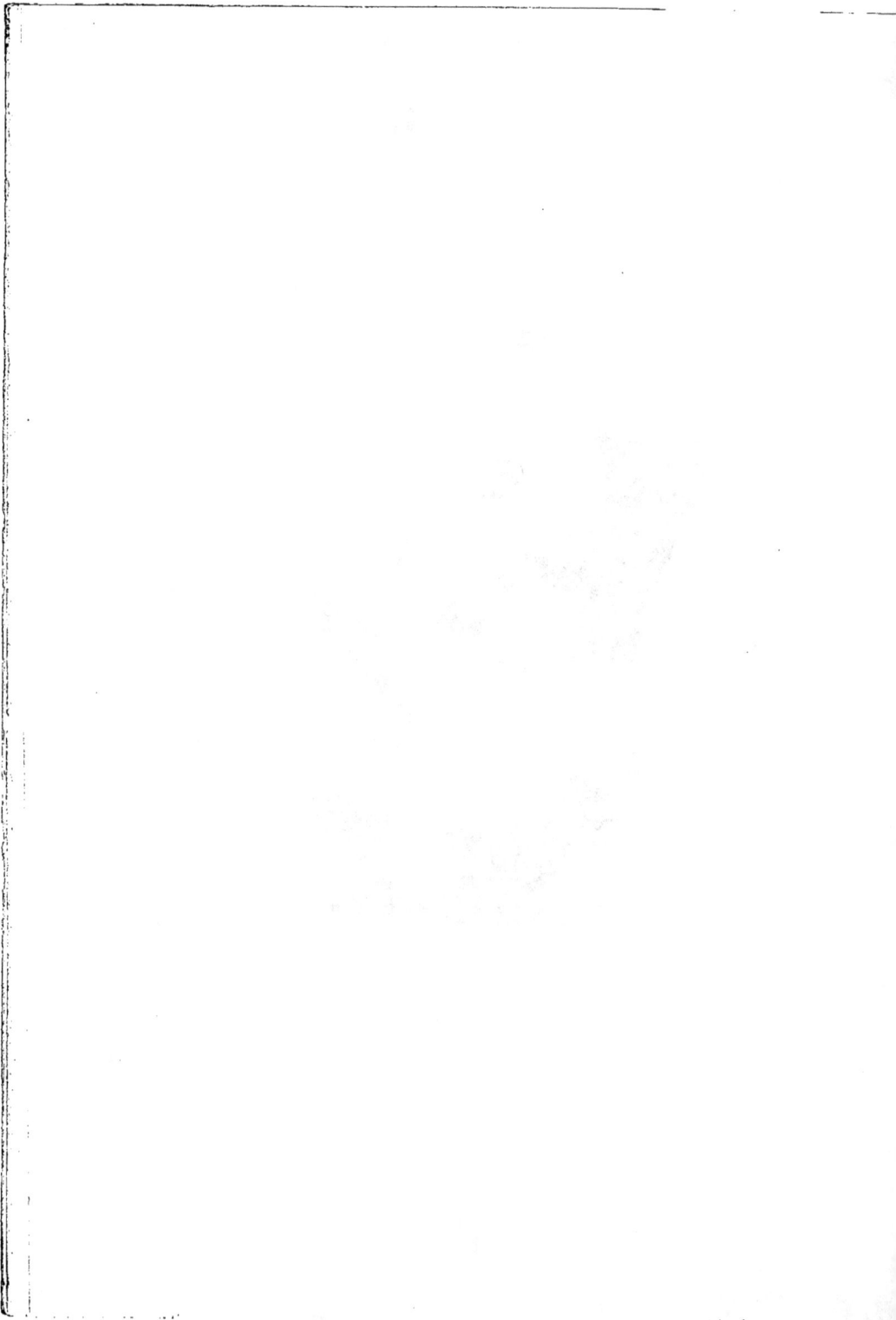

frique (*asinus africanus*) de la figure 6. Là où l'on a fait plus
d'attention à l'élevage de l'âne, par exemple en Arabie, en
Perse, en Égypte et en général en Orient, les ânes ont acquis une plus belle apparence et de meilleures qualités mora-

Fig. 8. — *Mulet.*

les. (Voir la figure 7, représentant l'âne domestique d'Égypte.)
Tous les représentants du genre « cheval » peuvent se
croiser entre eux avec fécondité. Au *Jardin des plantes*, à
Paris, nous avons vu des métis provenant de l'accouplement
du zèbre avec l'ânesse, avec la jument et avec l'hémione,
ainsi que de l'hémione avec le cheval; mais les expériences
là-dessus sont encore trop peu nombreuses pour qu'on puisse
en tirer des conclusions positives. Au contraire, le produit
du croisement du cheval avec l'âne, *le mulet*, est très bien

connu, surtout celui qui provient de l'étalon âne et de la jument, produit désigné sous le nom latin d'*equus mulus*. Comme on le voit sur la figure 8, ce dernier ressemble, par sa taille et les formes de son corps, à un cheval ; mais il a la tête, les oreilles, la queue et les sabots de l'âne. C'est un animal très utile, ordinairement beaucoup plus résistant que

Fig. 9. — *Bardot*.

le cheval ; on l'emploie surtout pour le transport des fardeaux dans les pays montagneux, et c'est principalement dans ce but qu'on l'élève au sud de l'Europe : en Espagne, en Italie, dans la France méridionale ainsi qu'en Asie Mineure. En Russie on ne le rencontre qu'au Caucase et en Crimée.

Le *bardot*, mulet provenant d'une ânesse et d'un cheval étalon, porte le nom latin d'*equus hinnus* ; il est bien moins utile que l'*equus mulus* et par cette raison on ne l'élève que rarement, si rarement qu'il est difficile de le rencontrer. Il est plus petit de taille, et par ses formes et ses qualités morales ressemble plus à l'âne qu'au cheval ; mais il a la queue couverte de crins sur toute sa longueur. L'*equus hinnus* est représenté figure 9.

Fig. 10. — *Catharine,* mule arabe; 25 ans; taille 1ᵐ,29; robe gris truité.
Photographiée spécialement pour l'ouvrage par J. Delton (*Photographie hippique*) au Jardin d'Acclimatation de Paris.

L'accouplement entre eux des métis issus du cheval et de l'âne est ordinairement infécond. Même l'accouplement d'un cheval ou d'un âne avec une mule n'a été fécond que très rarement. Sur les figures 10 et 11 sont reproduits les portraits d'une mule arabe (fig. 10) et de son poulain (fig. 11) d'un cheval étalon barbe. Tous les deux ont été photographiés pour nous au Jardin d'Acclimatation de

Paris par *M. Delton*, directeur bien connu de la *Photographie hippique*, au Bois de Boulogne, à Paris.

Il est donc impossible de propager ces métis par leur accouplement mutuel, fait qui parlerait en faveur de l'opinion

Fig. 11. — *Kroumir*, fils d'un étalon barbe et de la mule représentée figure 10; âgé de 9 ans; taille 1ᵐ,40; gris-pommelé.

Photographié spécialement pour l'ouvrage, au Jardin d'Acclimatation de Paris, par J. Delton
(*Photographie hippique*).

de ceux qui veulent que le cheval et l'âne appartiennent à deux espèces différentes. Nous croyons cependant que les expériences et les observations qui ont été faites là-dessus ne sont pas encore assez nombreuses et surtout pas assez systématiques et réfléchies pour qu'on puisse trancher la question définitivement.

CHAPITRE II.

Il est certain que nos chevaux domestiques proviennent des chevaux sauvages. Mais on ne sait pas au juste à quelle espèce de chevaux sauvages on doit attribuer leur origine ; on ne peut faire là-dessus que des suppositions plus ou moins probables.

Parmi les savants, les uns pensent que les chevaux domestiques existants proviennent de plusieurs types sauvages ; les autres ne veulent reconnaître que deux types primordiaux, et enfin la majorité des savants est d'avis que tous les chevaux domestiques descendent d'un seul et même type sauvage qui vivait ou vit encore dans les vastes steppes de l'Asie centrale, c'est-à-dire dans les régions de l'Asie dont une grande partie appartient maintenant à la Russie. De ces contrées, les chevaux, comme les peuples qui y habitaient, se sont répandus dans tout l'univers.

La variété des races chevalines existantes n'est que le résultat de l'influence des différentes conditions dans lesquelles les chevaux se trouvèrent ensuite pendant des siècles, — conditions de climat, de nourriture, d'élevage, d'emploi etc.

La domestication des chevaux a eu lieu probablement plus

tard que celle des bêtes à cornes, mais en tout cas plusieurs milliers d'années avant notre époque.

A présent, les chevaux sauvages se rencontrent dans les steppes de l'Asie centrale, mentionnés plus haut, et dans ceux de l'Amérique méridionale.

Parmi les chevaux sauvages de l'Asie centrale on connaît : le *tarpan* (figure 1), le *cheval de Przevalski* (figure 2) et *les moutzines;* dans les steppes de l'Amérique les *mustangs* et les *cimarrones.*

Le tarpan et le cheval de Przevalski sont de vrais chevaux sauvages; quant aux moutzines, aux mustangs et aux cimarrones, ce sont des chevaux redevenus sauvages, des chevaux dont les ancêtres ont été domestiques. Ces trois dernières catégories de chevaux se laissent apprivoiser de nouveau assez facilement, tandis que les vrais chevaux sauvages, le tarpan et le cheval de Przevalski, sont presque indomptables.

Les mustangs et les cimarrones sont les descendants des chevaux transportés en Amérique par les Espagnols, lors de la conquête de cette partie du monde par les Européens. Le portrait du cheval mexicain, reproduit à la fin de ce livre, en donne les formes. Les moutzines proviennent des troupeaux de chevaux demi-sauvages appartenant aux tribus des peuples nomades qui errent dans les steppes de la Sibérie et de l'Asie centrale en général. (Voir plus bas : *Les chevaux russes sauvages et demi-sauvages.*)

CHAPITRE III.

On peut envisager tous les chevaux existants comme appartenant aux deux types : *type oriental* ou *petit* '*equus
orientalis vel parvus*' et *type occidental, grand* ou *norique*
(*equus noricus vel robustus*). Les chevaux du type occidental
sont en général plus grands de taille et plus massifs 'plus
lourds) que ceux du type oriental. Les os du squelette du
cheval occidental sont plus gros et plus poreux, et ceux
du type oriental, au contraire, plus durs, plus compacts et
plus fins; le cheval oriental est beaucoup plus sec que le cheval occidental. Le rein et le dos du cheval oriental sont ordinairement plus courts et par cette raison plus résistants,
plus solides et plus propres à porter un cavalier. La croupe
du cheval occidental est habituellement double et plus ou
moins avalée, avec la queue attachée assez bas; le cheval
oriental a, au contraire, la croupe simple et horizontale, et
porte sa queue très haut. Mais ce sont surtout les différences dans la construction de la tête qui sont caractéristiques pour les deux types. La tête du cheval occidental est
grossière, charnue et massive, avec une grande prédominance
de la face sur le crâne; le cheval oriental, au contraire, se
distingue par sa tête sèche et relativement petite, par son

crâne large et développé au détriment de la face, qui est fine et exiguë. Le cheval oriental est donc ordinairement plus intelligent et le cheval occidental plus robuste. Le premier convient surtout là où l'on a besoin d'adresse, de rapidité et d'agilité, par exemple pour le service de la cavalerie. Le second est bon comme bête de trait et de somme.

Il existe encore jusqu'à présent beaucoup de représentants suffisamment purs du type oriental; à ce type appartiennent la plupart des chevaux qui habitent l'Asie, l'Afrique et l'Europe orientale, notamment la Russie. Au contraire, les chevaux du type occidental pur, dont la patrie est l'Europe occidentale, sont devenus rares et disparaissent peu à peu par le mélange continuel avec les chevaux du type oriental, se répandant graduellement de l'est vers l'ouest. La plus grande partie des chevaux européens sont le produit de ce mélange. Dans les races légères prédomine le sang oriental et dans les races lourdes le sang occidental. En Russie le type oriental est, comme nous l'avons dit, dominant, et cela devient naturellement d'autant plus évident que nous approchons vers l'Est, vers les confins de l'Asie. Dans les steppes de Sibérie, au sud-est de la Russie d'Europe et au Caucase le type oriental s'est conservé pur ou presque pur.

Le type occidental.

Comme représentant le plus pur du type occidental on peut citer la *race de Pinzgau*, élevée dans les parties de l'Autriche qui formaient dans l'antiquité la province romaine *Noricum* (de là le nom du type « noricum »), notamment aux environs de Salzbourg (dans la vallée de Pinzgau), en Styrie, Carinthie, dans certains districts du Tyrol et dans l'Autriche supérieure.

Pl. V. Collection du Dr L. Simonoff.

KALMOUK (Sans taille 1 m,50 ( )
Étalon de race kalmouk,
offert par les Kalmouks à S. A. I. le Grand Duc Héritier de Russie.

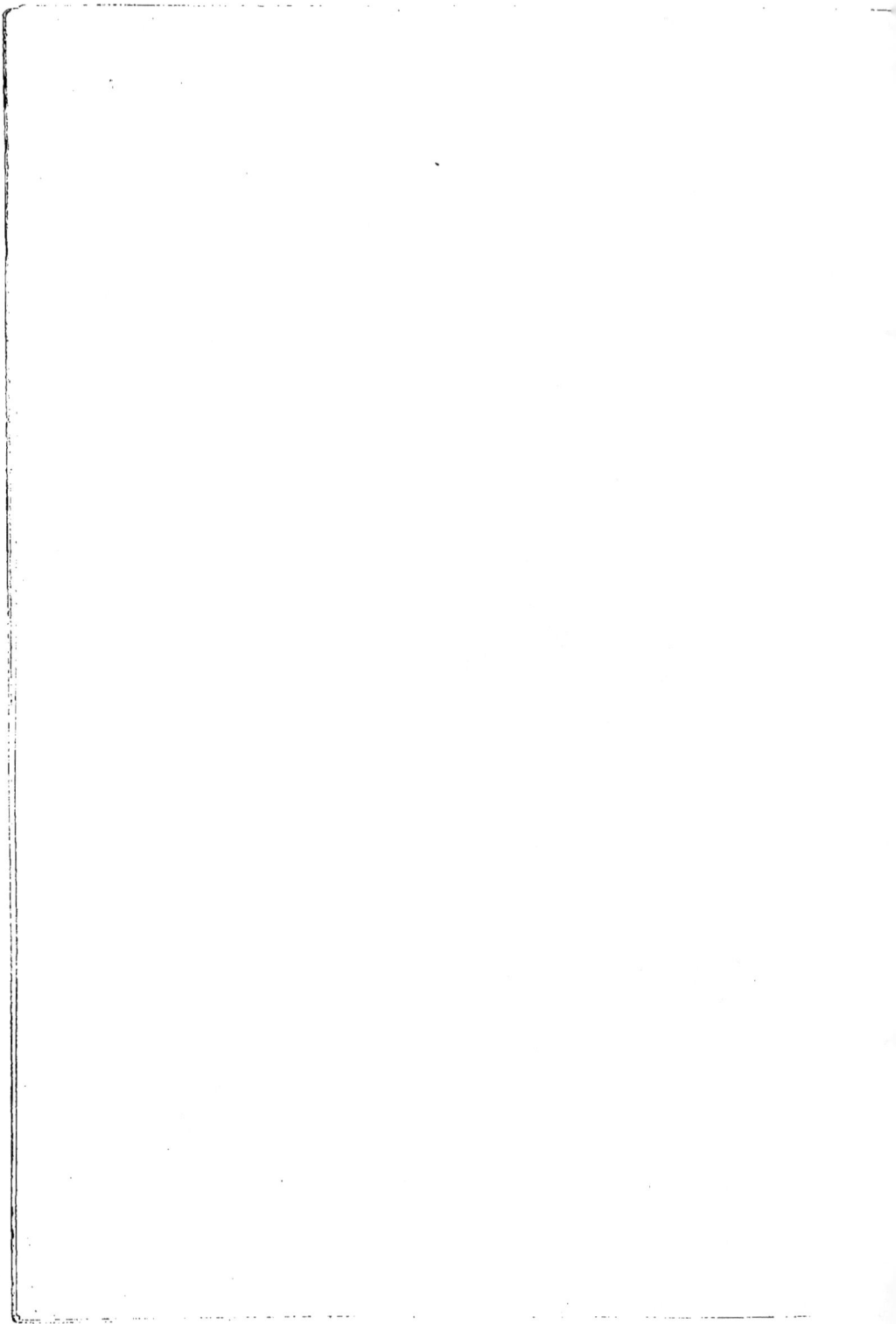

Le cheval de Pinzgau est représenté par la figure 12. Sa taille est de 1ᵐ,65 à 1ᵐ,70; sa tête est surtout caractéristique pour le type : elle est lourde, charnue et massive, avec une prédominance très visible de la face sur le crâne. Les

Fig. 12. — *Cheval de Pinzgau*, étalon à robe tigrée.
D'après la photographie faite au concours hippique de Vienne.

yeux sont petits, l'encolure courte et épaisse, le garrot bas, les épaules raides, le dos long et légèrement concave ensellé, la croupe avalée et double, avec la queue attachée bas; les membres vigoureux, les sabots larges, mais pas fragiles. La robe est le plus souvent tigrée, pie, noire ou

·baie avec de grandes taches blanches sur les côtés et sur la croupe ; les chevaux gris avec la tête, les membres, la crinière et la queue noirs ne sont pas rares non plus.

Dans les chevaux belges (flamands, ardennais et autres), dans les boulonnais et les percherons, dans les chevaux de gros trait danois, anglais et autres, les indices du type occidental sont visibles dans leur corps généralement massif, leur grande taille, dans les dimensions et les formes de leur squelette, leur croupe double et avalée. Mais dans tous ces chevaux on remarque déjà l'influence du croisement avec le cheval oriental, influence qui se traduit principalement par la forme plus noble de leur tête, surtout chez les percherons et les ardennais. Ce qui frappe le plus l'observateur attentif dans le cheval de Pinzgau, c'est justement la conformation originale de sa tête, tout à fait différente de la tête du type oriental.

Le type oriental.

Nous avons déjà dit que les chevaux du type oriental pur sont encore nombreux. Le premier rang parmi eux appartient sans contredit à la noble race arabe, non seulement à cause de ses hautes qualités physiques et morales, mais aussi parce qu'elle a été la souche principale de toutes les autres races nobles.

La taille du *cheval arabe* n'est pas grande : de 1^m,45 à 1^m,55. Mais ce qui distingue le noble cheval arabe, c'est l'élégance, les belles proportions, l'harmonie de ses formes. Sa tête petite, sèche, au front large, au museau fin et aux naseaux dilatés, aux yeux grands, suffisamment écartés et pleins de feu, aux oreilles petites, pointues et mobiles, est le modèle

de ce qu'on appelle « *tête noble* ». Le profil antérieur de la
tête est ordinairement droit ou légèrement *camus*, c'est-à-
dire avec une légère dépression sur le chanfrein (1). L'encolure longue, bien arquée, fermement dessinée et ornée d'une
crinière soyeuse ; le garrot haut et sec ; le rein court, mais
large ; le dos droit ou légèrement ensellé ; la croupe longue
et aussi droite, avec une queue attachée haut et admirablement portée ; les épaules longues et obliques ; la poitrine profonde ; les membres très secs, comme ciselés en acier, avec
les os durs et compacts, les articulations larges, les muscles
et les tendons bien dessinés ; les pieds dégarnis de fanons,
les sabots petits et très solides ; la peau tellement fine que
l'on voit à travers son épaisseur le réseau des vaisseaux
sanguins et des nerfs ; les poils ras et luisants ; la robe gris,
alezan, bai, plus rarement blanc ou noir et jamais pie ; les
mouvements souples et élégants ; le caractère très doux.
La résistance à la fatigue et à la faim est très grande : on
dit que le cheval arabe peut courir d'une traite 28 et même
48 heures, sous un soleil brûlant, sans boire ni manger.

Mais toutes ces belles qualités sont loin d'être l'apanage
de tous les chevaux nés en Arabie. La plupart des chevaux
élevés en ce pays sont moins nobles et beaucoup d'entre eux
sont tout à fait ordinaires. C'est le plateau de *Nedjed*, situé
en Arabie centrale, qui, d'après *Palgrave* (2), doit être considéré comme le berceau des plus nobles représentants de la
race arabe ; et il croit que le nombre de ces chevaux est très
limité, ne dépassant pas 5.000 têtes, et peut-être est encore

---

(1) Le chanfrein est la partie de la tête qui s'étend du front aux naseaux.

(2) G. *Palgrave* est un officier anglais qui, il y a trente ans, sous le nom et le
costume d'un pèlerin oriental, a eu l'occasion de pénétrer dans les haras d'un des
plus puissants chefs des Wahabites, tribu arabe habitant dans la partie centrale
de l'Arabie, le Nedjed.

moindre. Ces chevaux sont élevés exclusivement dans les haras de riches chefs de tribus et ne sont jamais vendus hors du pays. Ils n'arrivent donc jamais en Europe; et parmi les Européens il n'y a que quelques rares voyageurs, comme Palgrave, qui les ont vus. Quelques exemplaires cependant, mais de qualité inférieure, sont de temps en temps envoyés, comme présents, en Perse, en Égypte et à Constantinople.

Les chevaux arabes que l'on achète pour les haras européens proviennent ordinairement des troupeaux des Arabes nomades qui, à certaines époques de l'année, quittent l'intérieur du pays et s'approchent des endroits visités par les Européens. On cite surtout la tribu *Anazeh*, que l'on rencontre parfois non loin des limites de la Syrie et de la Palestine, comme possédant des chevaux superbes : au dire de quelques voyageurs, ils ne le cèdent en rien aux chevaux du Nedjed et peut-être même leur sont supérieurs. C'est aux Arabes de cette tribu que les Anglais, pendant la guerre de Crimée, achetèrent les chevaux pour la remonte de leur cavalerie. Beaucoup de ces chevaux ont été ramenés en Angleterre. Les Anglais ont été en général contents de leur acquisition, mais ils n'en ont pas été enthousiasmés.

Donc, il n'est pas du tout facile d'acquérir, même pour un gros prix, un cheval arabe véritablement bon, et bien des chevaux arabes qui se trouvent dans les haras européens n'appartiennent pas aux représentants les plus nobles de cette race..... loin de là! Beaucoup d'échecs dans les essais de régénération des races indigènes par le sang arabe ne s'expliquent-ils pas par l'infériorité des reproducteurs employés?

D'un autre côté, il ne faut pas oublier l'influence du changement de climat et des conditions d'élevage en général. Le cheval arabe est l'enfant du désert, né et élevé sous un soleil brûlant, dans l'air sec; et il est facile à comprendre que, transporté en Europe, dans des conditions de sol et de climat essentiellement différentes, il subit peu à peu les transformations correspondantes dans sa constitution et dans ses qualités morales. Voilà pourquoi les chevaux pur sang arabes nés

Fig. 13. — *Cheval arabe* pur sang.

et élevés dans les haras européens, perdent après quelques générations et même assez vite, beaucoup des qualités qui distinguaient leurs ancêtres. Avant tout, s'en va précisément la sécheresse extraordinaire de leurs formes, et avec elle la légèreté de mouvements et la résistance à la fatigue et à la faim.

La figure 13 représente le cheval arabe du désert, et la

planche II donne le portrait colorié d'un cheval arabe né et élevé au haras du comte Potocky, en Pologne russe. Ils sont beaux tous les deux et se ressemblent sans contredit; mais on voit tout de suite qu'il y a entre eux aussi beaucoup de différences, précisément dans le sens que nous avons indiqué.

Le pur sang anglais, malgré le temps, a conservé beaucoup de ses ancêtres orientaux, et par ses formes rappelle le cheval arabe, mais plutôt le cheval de la planche II que celui de la figure 13. La finesse des formes acquise par *l'entraînement* est d'un genre tout à fait différent; elle est le résultat de la maigreur et non pas de la sécheresse naturelle de sa constitution. Cette maigreur communique au pur sang anglais une légèreté et une rapidité extraordinaires pour les courses à petites distances; mais elle lui ôte la force nécessaire pour résister à la fatigue prolongée.

Dans les pays où le sol et le climat ressemblent plus à ceux de l'Arabie, les qualités essentielles des chevaux arabes se conservent plus ou moins intactes. Tels sont, par exemple, les chevaux des Arabes habitant le Sahara (mais pas les chevaux du littoral de l'Afrique : voir plus bas). Dans l'empire russe, ce sont les steppes du sud-est et surtout ceux de la Sibérie méridionale qui sont propices à l'élève du cheval arabe. Dans ces pays, même les métis produits par le croisement des étalons arabes avec les juments indigènes conservent les traits caractéristiques du type arabe, notamment la sécheresse des formes. Le cheval de Téké (province du Turkestan russe), représenté figure 25 et planche XIII, en donne une illustration instructive. En Europe occidentale, les contrées du sud sont sans doute plus convenables pour l'élevage du cheval arabe que celles du nord. Les chevaux du midi de la France, les navarrins et même les landais, par exemple, portent jusqu'à présent le cachet du

type arabe, dont ils sont issus il y a déjà plusieurs siècles.
(Voir les figures 55, 56 et 57.)

Le plus proche parent de l'arabe est *le cheval persan*. On
croit même que le cheval arabe provient du persan. Dans
tous les cas, le croisement des deux races en Perse est si fré-

Fig. 14. — *Khamide*, étalon persan; 10 ans; taille 1ᵐ,53 ; gris-clair légèrement pommelé.
Des écuries IMPÉRIALES à Saint-Pétersbourg.
D'après la photographie faite par le Docteur L. Simonoff.

quent que leur parenté est hors de doute. Les différences
qui existent entre elles sont très insignifiantes : la tête du
cheval persan est peut-être un peu plus étroite et plus allongée, l'encolure plus élevée, les membres et le corps en
général plus longs que ceux du cheval arabe. Mais ces différences, peu importantes en elles-mêmes, sont loin d'être

constantes, et souvent il est difficile, même à un connaisseur, de dire s'il a devant lui un cheval arabe ou un cheval persan.

Dans les chevaux persans représentés par la figure 14 et la planche III, les signes de la race persane indiqués plus

Fig. 15. — *Kif-Kif*, étalon barbe du Sahara. Premier prix à l'Exposition internationale de 1878. Nombreuses primes pour les courses d'obstacles (en Algérie).
D'après la photographie faite par J. Delton (*Photographie hippique*).

haut sont assez visibles, et cependant tous les connaisseurs non prévenus les prenaient pour les chevaux arabes.

Mais en Perse, comme en Arabie, il n'y a que peu de chevaux de la race noble; ce sont les chevaux des haras du Shah et de riches propriétaires habitant dans les parties de la Perse

Librairie Agricole de la Maison Rustique.

BACHKIR (6 ans, taille 1ᵐ 37)
Cheval (hongre) de race bachkire.

situées au sud-est de la mer Caspienne. Les autres chevaux persans sont beaucoup moins typiques et plus ordinaires, bien qu'il y ait aussi de bons animaux parmi eux.

Fig. 16. — *Cheval barbe* d'Algérie monté par un officier indigène (de spahis).
D'après la photographie de J. Delton (*Photographie hippique*).

Dans les contrées situées au nord-est de la Perse, dans le Turkestan, à Boukhara, à Khiva et en Afghanistan, ainsi que dans les régions du Caucase limitrophes de la Perse, il y a des chevaux excellents, rappelant beaucoup les nobles races persane et arabe. Ces chevaux, dont nous parlerons plus bas, en décrivant les chevaux russes, sont sans doute les produits du croisement des chevaux indigènes avec les chevaux persans ou arabes.

Après le cheval persan, le cheval qui se rapproche le plus du cheval arabe est le cheval habitant les contrées de l'Afrique du Nord, la Tunisie, l'Algérie, le Maroc et les parties attenantes du Sahara. Ce cheval, connu ordinairement sous le nom de *barbe*, provient sans doute du cheval arabe; mais c'est seulement dans les déserts du Sahara qu'il a conservé jusqu'à présent tous les traits caractéristiques de la race : la taille peu élevée, la tête noble, les formes sèches, avec des contours peut-être encore plus accentués, mais moins gracieux que chez le cheval arabe. Les chevaux des pays plus proches de la Méditerranée sont ordinairement plus grands de taille (rarement moins et très souvent plus de $1^m,50$) et beaucoup moins nobles de formes; leur tête est souvent busquée, le front plus étroit, les oreilles plus longues et l'encolure au contraire plus courte; le dos, qui n'est pas long, est fréquemment convexe et la croupe avalée, avec la queue attachée trop bas et, par conséquent, mal portée; les jarrets habituellement trop rapprochés. Il faut avouer, cependant, qu'il reste maintenant très peu de chevaux du vrai type de Sahara. La figure 15 représente le cheval barbe, qui se rapproche de ce type, et la figure 16 un officier indigène de spahis monté sur un cheval d'Algérie.

Des autres races orientales, les plus importantes par leur nombre et leurs qualités seront décrites parmi les chevaux russes. Outre celles-ci nous croyons digne d'une mention spéciale la race de *Dongola* qui, par sa conformation originale, représente pour ainsi dire une exception à toutes les races orientales.

Un spécimen du *cheval de Dongola* est reproduit sur la figure 17. On trouve les chevaux de cette race en Nubie ; ils sont si différents des autres chevaux orientaux que, pour expliquer leur existence, il ne reste qu'à supposer la possibilité de

Fig. 17. — *Porthos*, cheval de Dongola (Nubie); 18 ans; taille 1ᵐ,49; bai.
D'après la photographie faite, spécialement pour l'ouvrage, au Jardin d'Acclimatation de Paris par J. Delton (*Photographie hippique*).

croisements survenus en Nubie entre les chevaux indigènes et les chevaux du type occidental, fait extraordinaire en Orient.

Le cheval de Dongola est ordinairement plus grand de taille que les autres chevaux du type oriental. La taille du che-

val représenté sur la figure 17 n'est que de 1ᵐ,49 ; mais il
y a des dongolas dont la taille dépasse 1ᵐ,60 et même 1ᵐ,69.
La tête est sèche, étroite, ordinairement droite, mais souvent busquée (voir la figure 17) ; l'encolure longue et déliée,
le garrot haut ; les épaules suffisamment longues, mais raides ;
la poitrine large, le dos parfois un peu convexe et la croupe
avalée ; les membres longs et vigoureux ; la peau fine et les
poils aussi doux et soyeux que chez le cheval arabe pur
sang ; le caractère plein de feu. La robe des chevaux connus
en Europe était noire ou baie, souvent marquée de *balzanes*
(de blanc) à la partie inférieure des quatre membres (voir la
figure 17). En Angleterre et en Allemagne, on a essayé le
croisement du dongola avec les races européennes. Les Anglais se vantent du succès : par exemple, l'accouplement des
étalons dongolais avec des juments pur sang leur a fourni des
hunters remarquables par leur rapidité et leur résistance à la
fatigue. Les Allemands ont été moins heureux : leurs expériences n'ont produit rien de bon.

Les produits du croisement du type oriental
avec le type occidental.

La différence dans les qualités physiques et morales entre
les représentants purs de deux types, par exemple entre le
cheval de Pinzgau (figure 12) et le cheval arabe (figure 13
et planche II), est frappante ; elle est peut-être même plus
accentuée qu'entre le cheval et l'âne sauvages (figures 1, 2, 3
et 6). On ne peut pas dire la même chose des produits du mélange : ici les traits caractéristiques de deux types s'effacent
plus ou moins.

Aux races supérieures du type oriental, à celles dont la généalogie n'est souillée par aucun mélange étranger, on donne le nom de *pur sang*.

Jusqu'au dix-huitième siècle, on ne connaissait qu'un seul pur sang, — le cheval arabe. Mais depuis, les Anglais ont créé le pur sang anglais.

Il est incontestable que dans le pur sang anglais il existe une certaine dose de sang occidental qui se traduit par la taille, excédant de beaucoup celle des chevaux orientaux. Mais l'infusion du sang occidental n'ayant eu lieu qu'au commencement de la création de la race et ne se répétant plus jamais, est devenue si minime que le pur sang anglais a tous les caractères du cheval oriental noble et peut conserver à juste raison son titre de pur sang.

On appelle *demi-sang* les produits du croisement direct ou indirect du pur sang avec les chevaux des races impures et surtout avec ceux du type occidental. Bien que le mot « demi-sang » signifie le mélange de deux sangs à doses égales, il s'applique dans la pratique indifféremment à toutes sortes de produits mélangés. Cependant, si l'on veut préciser, on parle de *quart de sang*, de *demi-sang*, de *trois quarts de sang*, etc., termes qui indiquent la proportion du sang pur dans le produit mélangé.

Nous avons déjà dit que la plupart des chevaux de l'Europe occidentale sont les produits du croisement de deux types : oriental et occidental.

Dans les chevaux de trait léger, par exemple dans la plupart des trotteurs russes et dans beaucoup d'anglo-normands français, le mélange des deux sangs, oriental et occidental, paraît être plus ou moins équilibré. Dans la majorité des demi-sang élevés pour la selle prédomine le sang oriental (1).

_____

(1) Les traits caractérisant les races produites par le mélange de deux sangs ne dépendent pas toujours du nombre des reproducteurs de tel ou tel type, mais

Dans les chevaux de gros trait de l'Europe occidentale la prépondérance du type occidental est, au contraire, très visible : tels sont les percherons et les boulonnais français, les chevaux lourds belges, anglais, danois, etc. Dans le *bitugue* russe, le type occidental domine aussi, mais pas à un tel point. Le bitugue est en général beaucoup moins lourd que la plupart de chevaux de gros trait de l'Europe occidentale ; il a des formes plus élégantes et le caractère plus vif ; il peut courir vite et est souvent très bon trotteur. (Voir plus bas, page 70.)

Comme nous l'avons dit plus haut, les traits les plus caractéristiques du cheval oriental sont dans sa tête, et c'est précisément ces traits que les reproducteurs orientaux transmettent à leur postérité avec le plus de constance. Pour anoblir la tête des kleppers russes, des percherons français, des ardennais belges, et de beaucoup d'autres chevaux de races occidentales, il a suffi d'un mélange de quelques gouttes du sang oriental, d'un mélange qui a eu lieu souvent dans des époques depuis longtemps passées et oubliées. Au contraire, le type occidental transmet avec le plus de constance la conformation générale du corps, surtout de ses parties postérieures ; sa croupe avalée est visible dans plusieurs demi-sang ; quelques-uns d'entre eux l'ont conservée même double.

aussi et peut-être principalement de la force innée de transmission des reproducteurs employés. Tout le monde sait que souvent un reproducteur laisse dans la postérité plus de traces qu'une dizaine d'autres moins influents. Par cette constance dans la transmission de leurs qualités à leur descendance, sont justement renommés les pur sang arabes et anglais.

DEUXIÈME PARTIE

LES CHEVAUX RUSSES

CHAPITRE PREMIER.

APERÇU GÉNÉRAL.

L'Empire de Russie embrasse plus de la moitié de l'Europe et près de la moitié de l'Asie. Il est limité au nord par l'océan Glacial Arctique, et au sud il s'étend presque jusqu'aux contrées tropicales. Le climat et le caractère du sol, sur une aussi vaste étendue, sont nécessairement très variés, ainsi que les plantes, les animaux et les hommes qui y vivent. Tout à fait au nord, il n'y a que les Esquimaux, les ours blancs et les rennes qui peuvent supporter la rigueur du climat; le sol n'y produit que des mousses. Tout à fait au sud, les hommes rappellent par leur apparence et leur caractère les habitants des pays tropicaux, et on y rencontre des animaux et des plantes propres aux climats chauds.

Mais, malgré cette grande variété, le climat et le sol de la Russie présentent un ensemble de traits communs, de caractères généraux qui agissent d'une manière analogue sur

la vie animale et la vie végétale de toute la Russie. Dans le
climat, c'est son caractère franchement continental, se tra-
duisant par les grandes différences de température entre les
saisons chaudes et froides de l'année et par la sécheresse relative de l'air. Dans le sol, c'est la prédominance des plaines
(ou des plateaux) qui occupent la plus grande partie de la
Russie d'Europe et d'Asie. A part quelques contrées d'une
étendue comparativement petite, la Russie n'est qu'une vaste
plaine, une mer de steppes, dont une partie est cultivée et
plus ou moins épuisée, et l'autre reste à l'état primitif, vierge.
Le résultat de ces conditions du climat et du sol est la prédominance dans le règne végétal des plantes annuelles
herbacées. La Russie est encore riche en forêts, mais on ne
les trouve ordinairement que sur les montagnes ou dans les
endroits humides et marécageux, principalement au nord;
l'espace occupé par elles est relativement très minime. Presque tout le reste de la Russie est, l'hiver, couvert de neige,
et l'été d'herbes sauvages ou ensemencé par l'homme (les
blés, etc.), selon l'état de culture des contrées. Avec ces
caractères du règne végétal sont intimement liées les espèces
d'animaux qui peuplent la Russie. Parmi les mammifères, dans
les forêts, ce sont des bêtes fauves; dans les plaines, c'est-
à-dire dans la plus grande partie de la Russie, les animaux
herbivores par excellence, les bêtes à cornes et les chevaux.

En ce qui concerne les chevaux, la Russie est le plus
riche pays du monde. Il y en a environ 22 millions dans
la seule Russie d'Europe : en moyenne 26 chevaux pour
100 habitants, proportion qui n'existe dans aucun autre
pays du monde. Il est impossible d'en déterminer le nombre
dans la Russie asiatique, même approximativement, à
cause de l'absence complète de données statistiques. Mais

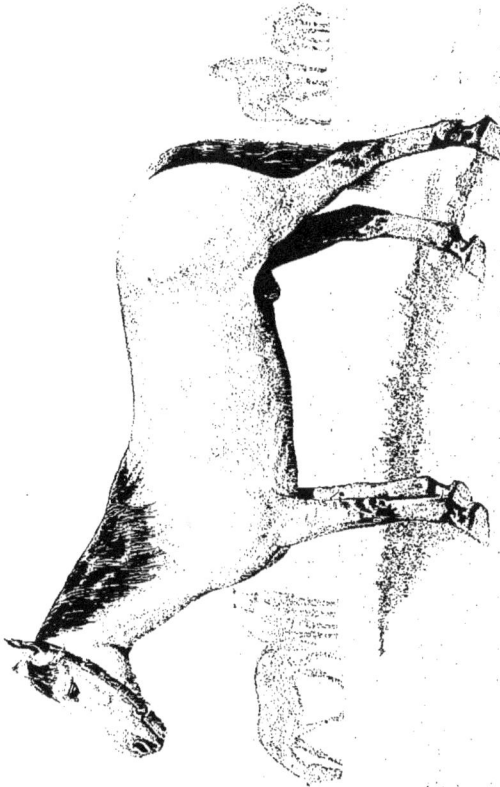

JOUPEL (8 ans, taille 1.m.59.)
Cheval (hongre?) de la race de l'Oural.

Н.Бунинъ

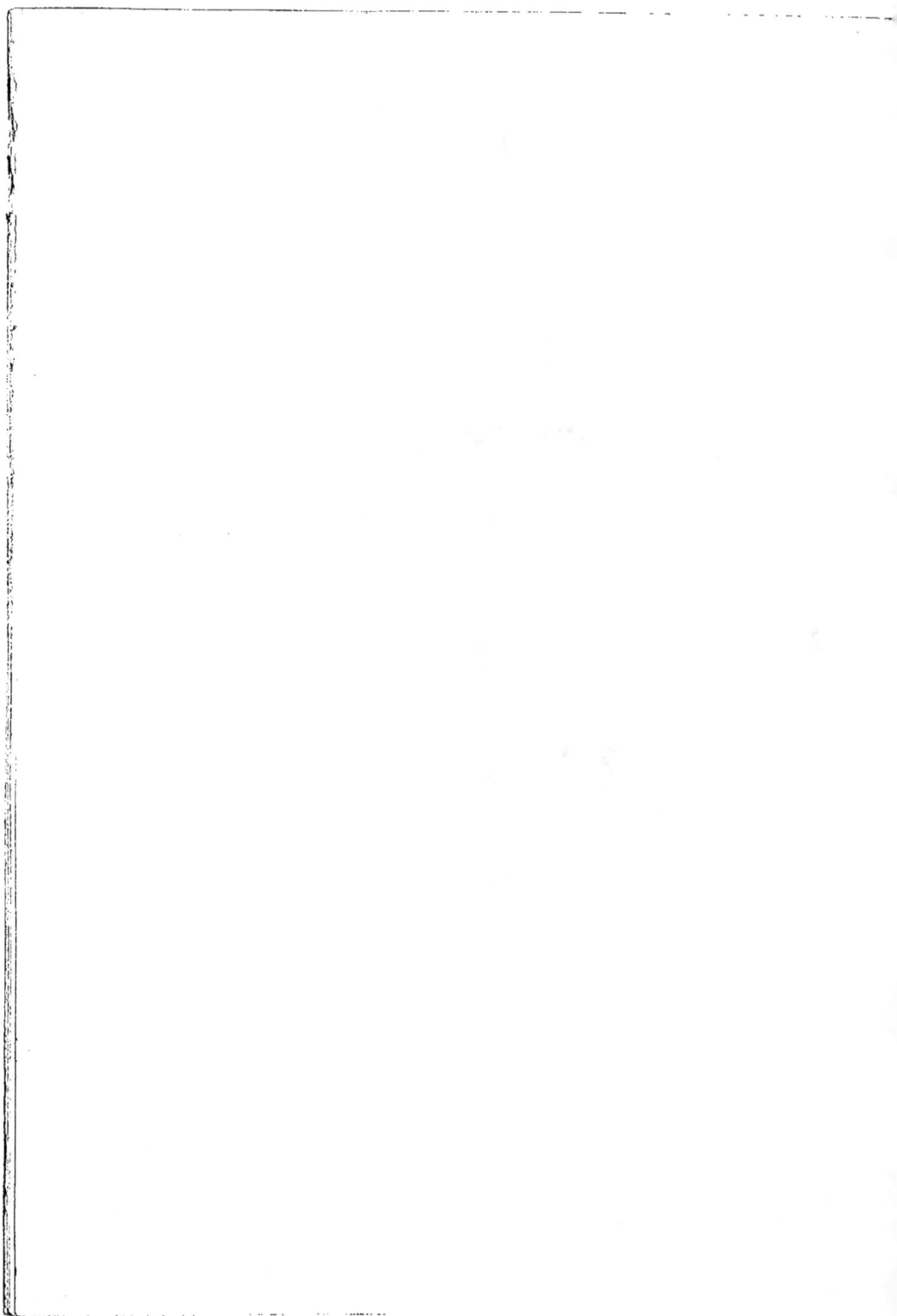

d'après certaines indications, on peut croire que le nombre de chevaux dans la Russie d'Asie n'est pas de beaucoup moindre que dans la Russie d'Europe et peut-être même y est-il plus grand. En effet, en 1866 le nombre des *kibitkas* ou ménages de *kirghizes* qui habitent les steppes de Sibérie s'élevait au chiffre de 300 mille, et comme le plus pauvre ménage ne possède pas ordinairement moins de 15 à 20 chevaux, et que les ménages riches en ont jusqu'à 5, 8 et 10 mille, il faut supposer que les chevaux kirghizes seulement comptent pour plusieurs millions. Et il y a en Sibérie une quantité de chevaux d'autres races dont nous parlerons plus bas, sans compter le nombre assez considérable de chevaux sauvages. Il faut y ajouter encore quelques centaines de mille de chevaux du Caucase, non compris dans la statistique de la Russie d'Europe.

Dans tous les cas, la Russie d'Europe et la Russie d'Asie, prises ensemble, possèdent la plus grande moitié des chevaux de l'univers entier.

La Russie est en même temps le berceau probable de toutes les races chevalines en général, car, d'après l'opinion des savants, tous les chevaux domestiques proviennent des chevaux sauvages qui vivaient ou vivent encore dans les steppes de l'Asie centrale, steppes dont une grande partie appartient maintenant à l'empire russe. De là, suivant les peuples, les chevaux se sont répandus d'abord dans la Russie d'Europe et puis dans l'Europe occidentale. Cette migration des chevaux de la Sibérie vers l'Ouest se continue jusqu'à présent. Dans l'avenir, quand la Sibérie sera unie à l'Europe par les chemins de fer et quand une paix réelle remplacera le demi-état de guerre qui existe maintenant, cette affluence des chevaux de la Sibérie en Europe augmentera sans doute considérablement, d'autant plus que parmi eux il y a des races

véritablement dignes d'attention, par exemple les races kirghize, kalmouk ou turkomane.

On voit donc que, pour l'étude du cheval, la Russie a une
importance exceptionnelle, et c'est pour cette raison que nous
nous sommes permis de consacrer à notre patrie, dans ce
livre, une place prépondérante.

Les races chevalines de la Russie sont aussi variées que
son climat, son sol et les peuples qui y vivent. Mais aussi
bien que le sol et le climat, ces races ont des traits communs
qui les unissent toutes. En effet, tous les chevaux russes sont
ou des chevaux de steppes ou en sont issus récemment,
tous appartiennent au type léger ou oriental. Il n'y a que les
chevaux de haras qui font exception à cette règle.

On appelle chevaux de steppes ceux qui naissent et vivent
librement dans les steppes en *tabounes* et *kossiaks* (1), se
nourrissent toute l'année ou presque toute l'année de l'herbe
qu'ils trouvent sous leurs pieds, en un mot les chevaux qui
mènent la vie propre aux animaux herbivores sauvages. A
cette catégorie appartiennent d'abord les chevaux sauvages
ou devenus sauvages par la négligence de leurs maîtres; ensuite les chevaux demi-sauvages de nos peuples nomades :
des Kirghizes, des Kalmouks, etc., et enfin les chevaux du
Don et les chevaux du Caucase.

La plupart des chevaux de la Russie d'Europe et, entre
autres, les chevaux de paysans, sont des chevaux qui n'appartiennent plus aux chevaux de steppes, mais qui en sont d'o-
rigine plus ou moins récente.

Les chevaux de haras forment une catégorie à part; presque tous sont produits par le croisement des races étran-

(1) *Le taboune* est un troupeau de chevaux; *le kossiak* est le harem d'un étalon,
composé de 5 à 20 juments, commandées, protégées et ordinairement choisies par
lui.

gères entre elles ou avec les chevaux indigènes. Plusieurs
sont une copie plus ou moins fidèle des races étrangères
dont ils proviennent; mais il y en a d'autres qui, malgré
leur origine étrangère, ont acquis, sous l'influence du climat,
du sol et de l'élevage, un cachet particulièrement russe ;
comme exemple on peut citer le trotteur russe.

En général on peut diviser tous les chevaux russes en cinq
catégories, qui sont : *a*) les chevaux de steppes sauvages ;
b) les chevaux de steppes demi-sauvages des populations
nomades; *c*) les chevaux de steppes dont l'élevage fait transition à celui des haras; *d*) les chevaux du type rustique,
et *e*) les chevaux de haras.

CHAPITRE II.

Parmi les chevaux essentiellement sauvages il faut nommer le tarpan, le cheval de Przevalski et l'hémione.

De nos jours, on ne rencontre les *tarpans* que dans les steppes éloignés de la Sibérie et de l'Asie centrale. Mais à la fin du dernier siècle les tarpans abondaient non seulement en Sibérie, mais aussi dans les steppes plantureux du sud-est de la Russie d'Europe. Il y a 40 ans il en existait encore quelques-uns dans les provinces de Kherson et de Tauride. Un des derniers tarpans que l'on ait trouvés dans ces parages a été pris en 1866; il était vivant encore en 1884 et est représenté par la figure 19. Depuis que ces steppes, jadis déserts, ont commencé à se peupler et à être cultivés, les tarpans, chassés et exterminés par l'homme, ont reculé de plus en plus dans les profondeurs de la Sibérie et maintenant on ne les trouve que là-bas.

Le tarpan (figure 18) est de petite taille, plus petit que la plupart des chevaux ordinaires des paysans russes; mais il est d'une constitution robuste. Sa tête est relativement grande et charnue, son front est bombé, ses oreilles pointues et ses yeux méchants et pleins de feu. Comme la

plupart des chevaux de steppes, il a l'encolure de cerf. Le
garrot est élevé, le dos droit et la croupe légèrement avalée ;
la poitrine bien développée ; les membres longs, secs et musculeux ; les sabots durs. Le pelage ordinairement souris, plus

Fig. 18. — *Tarpan*, cheval sauvage de l'Asie centrale. (Reproduction de la fig. 1.)

clair sous le ventre et avec une raie de mulet le long du dos ;
le toupet, la crinière et la queue, qui n'est pas longue, sont
beaucoup plus foncés ; les membres au-dessous du genou
presque noirs. Les poils sont longs et ondés, plus longs en
hiver qu'en été. Les tarpans errent dans les steppes en kossiaks composés de plusieurs juments conduites par un étalon. Ils sont très sauvages et au moindre danger s'enfuient
avec une rapidité extraordinaire. Quand on attrape des pou-

lains nouveau-nés on parvient encore à les apprivoiser, bien
qu'ils restent toujours méchants; mais les chevaux adultes
ne se laissent jamais dompter. Les étalons tarpans ont une
grande prédilection pour les juments domestiques; s'ils les
rencontrent dans les steppes, ils les enlèvent et les emmènent

Fig. 19. — *Tarpan de Chatiloff*, 18 ans, taille 1ᵐ,36 ; robe souris foncé.
D'après la photographie faite au Jardin zoologique de Moscou.

avec eux. Comme cela arrive et est arrivé continuellement
pendant bien des siècles, le croisement du tarpan avec le cheval domestique de steppes est devenu à tel point fréquent
que le type actuel du tarpan est sans doute bien différent du
type primitif. Naturellement l'influence de ce mélange devait
se faire sentir d'autant plus qu'il y avait plus de chevaux
domestiques dans le voisinage. C'est probablement à cette

dernière catégorie de tarpan, fortement modifiée par le croisement avec les chevaux domestiques, qu'ont appartenu les
derniers représentants de cet animal dans la Russie d'Europe.
Le tarpan pris au sud de la Russie d'Europe en 1866 (1),
décrit par J. N. Chatiloff et représenté par la figure 19, a

Fig. 20. — *Cheval de Przevalsky*, cheval sauvage des steppes aux environs du lac Lob Nor
en Asie centrale. Poulain âgé d'environ 2 ans. (Reproduction de la fig. 2.)
Le dessin est fait d'après un animal empaillé du Musée zoologique de l'Académie des sciences à Saint-Pétersbourg (exemplaire jusqu'à présent unique).

sans contredit les traits essentiels du tarpan de Sibérie ; mais
en même temps on ne peut nier qu'il a aussi beaucoup de ressemblance avec les chevaux de nos paysans et particulièrement avec ceux de la petite Russie ; pour s'en convaincre il
n'y a qu'à comparer les figures 18, 19 et 32. Ce tarpan avait

(1) Dans le steppe Zagradskaya situé dans la province de Kherson.

la robe souris foncé, mais son membre de devant gauche, à
partir du genou jusqu'au paturon, était bai, ce qui pour nous
est le signe incontestable d'une proche parenté de cet animal
avec les chevaux domestiques. Le tarpan fut pris quelques moments après sa naissance. A trois ans il fut châtré ; au mois
d'avril 1884, à l'âge de dix-huit ans, on le transféra au *Jardin*
zoologique de Moscou, où on le photographia et on en fit la
description détaillée (1). Il fut dressé au trait et à la selle,
mais il resta toujours très irascible et peu conciliant avec les
autres chevaux.

Le cheval de Przevalski (fig. 20) est jusqu'à présent fort
peu connu. Selon les assertions des Mongols, on en voit
de grands troupeaux dans le Turkestan chinois, dans les
steppes environnant le lac Lob-Nor, d'où ils passent sans
doute dans les parties limitrophes du Turkestan russe. Ce
cheval est très sauvage ; il est très difficile non seulement de
l'attraper vivant, mais même de s'en approcher pour pouvoir
le tuer à coups de fusil. La description actuelle et le dessin
ci-joint (figure 20) sont faits d'après le cheval empaillé qui se
trouve au Musée zoologique de Saint-Pétersbourg, et qui a été
préparé avec la peau et la tête d'un jeune animal apportées
par le colonel Przevalski de ses voyages en Asie centrale.
Il ne faut donc tenir pour véritablement juste dans la description et dans le dessin que ce qui n'a pas pu être modifié
par l'empailleur, notamment : la tête grande et massive, les
oreilles longues, mais proportionnées ; la robe isabelle , plus
claire sur les côtés et presque blanche sous le ventre ; plus
foncée, au contraire, sur les membres au-dessous des genoux ;
la raie de mulet n'existe pas ; les poils longs et ondés ; pas
de toupet ; la crinière est très courte, droite et de couleur

(1) Voir « Сообщеніе о тарпанахъ », par M. J. Chatiloff. Moscou, 1884.

brune; la queue n'est couverte de crins que dans sa moitié inférieure, à partir du milieu; les sabots étroits; les quatre membres garnis de chataignes [1].

D'après ces signes zoologiques, les savants russes placent l'animal parmi les chevaux; mais il ressemble aussi à l'âne

Fig. 21. — *Hémione* de l'Asie centrale. (Reproduction de la fig. 3.)

et surtout à l'hémione, à ce dernier surtout, à tel point que pour nous les deux animaux ne sont que des variétés du même type.

L'*hémione* (figure 21), que les Kirghizes et les Mongols ap-

(1) Voir l'annotation de la page 2.

pellent *khoulan* ou *dgiguitaï,* est un animal qui tient le milieu
entre le cheval et l'âne. Son extérieur rappelle tout à fait
le cheval de Przevalski; mais il a la *raie de mulet* le long
du dos et des *zébrures* (taches transversales) aux membres.
Au siècle passé les hémiones existaient encore dans les
steppes du sud-est de la Russie d'Europe; mais maintenant
on ne les rencontre qu'en Sibérie et dans l'Asie centrale. Il
y en a un assez bon nombre dans les steppes kirghizes.

Dans les steppes de Sibérie on voit encore errer une
grande quantité de chevaux sauvages appelés *moutzines.*
Ce sont les chevaux qui, grâce à la négligence des peuples
nomades, se sont détachés de leurs troupeaux et sont devenus sauvages. Cela arrive très souvent avec les chevaux
kirghizes. Les moutzines ressemblent naturellement aux chevaux domestiques dont ils proviennent. Ils se distinguent, au
contraire, des chevaux sauvages d'origine, des tarpans,
non seulement par leur extérieur, mais aussi par une bien
plus grande facilité à s'apprivoiser.

CHAPITRE III.

Quand il y avait partout suffisamment de terrains vierges, couverts d'herbe et bons pour les pâturages, on rencontrait des troupeaux de chevaux demi-sauvages non seulement en Russie, mais aussi dans l'Europe occidentale. Au commencement de notre siècle il en existait encore en Pologne, en Prusse et en Hongrie. Dans les montagnes de la Sardaigne et dans les îles shetlandaises, en Islande et même dans quelques localités peu cultivées du continent européen, on voit encore de nos jours des *poneys* demi-sauvages. Mais tout cela n'a jamais été très important. Le vrai pays des chevaux élevés en troupeaux demi-sauvages est et a toujours été la Russie, dont les steppes immenses ont servi, depuis un temps immémorial, de pâturages aux herbivores de toutes espèces. Cependant, en Russie aussi cette manière primitive d'élever les chevaux a été, par le progrès de l'agriculture, repoussée de plus en plus vers l'est, et maintenant elle ne se conserve intacte que dans les steppes kirghizes et kalmouks. Les chevaux bachkirs, ainsi que ceux du Caucase et du Don appartiennent déjà aux chevaux de la troisième catégorie, c'est-à-dire aux chevaux de steppes à l'élevage desquels on applique certaines règles employées dans les haras. Les Kalmouks eux-mêmes ont subi jusqu'à un certain point l'influence du voisinage des Russes, de sorte que l'élevage réellement primitif des chevaux ne se peut trouver maintenant que chez les Kirghizes nomades.

Les chevaux demi-sauvages des peuples nomades mènent une vie qui diffère fort peu de celle des chevaux entièrement sauvages. Ils passent toute l'année en plein air; ils naissent et grandissent en pleine liberté, dans les steppes, ayant pour unique nourriture l'herbe qu'ils peuvent trouver eux-mêmes. Ils subissent l'influence des changements les plus variés de température : en été une chaleur étouffante, atteignant jusqu'à 50° R. (62,5° C.) au soleil, des vents brûlants, chargés souvent d'une poussière aveuglante, et l'hiver un froid intense, dépassant quelquefois — 30° R. (— 37, 5° C.), des tourbillons de neige, etc. Ainsi que les chevaux sauvages, ils forment des *kossiaks* (voir page 34) composés de 15 à 20 juments et dirigés chacun par un étalon, qui les guide et les défend. Les jeunes poulinières qui n'ont pas encore été mères, et les chevaux hongres paissent séparément. La réunion des kossiaks forme des tabounes (troupeaux) de plusieurs centaines et même plusieurs milliers de têtes.

Dans les steppes kirghizes et kalmouks, l'hiver est ordinairement rigoureux, accompagné d'une neige qui couvre le sol d'une couche profonde. Pendant cette époque, les pauvres chevaux, pour découvrir les restes d'herbe ensevelie, sont obligés de creuser avec leurs sabots la neige qui leur sert en même temps pour apaiser leur soif. Quand il y a des tourbillons de neige, les malheureux animaux endurent des souffrances affreuses; mais leurs calamités arrivent à leur comble après les dégels, quand le verglas remplace la

neige. Les sabots non ferrés glissent et peuvent difficile-
ment casser la glace, et quand cette dernière est épaisse
les sabots se brisent souvent. Alors commence la vraie
famine. Dans ces cas, les paresseux nomades se décident
quelquefois à prêter assistance à leurs animaux : ils s'en
vont en foule pour casser la glace. Souvent ils expédient
dans ce but des chameaux en avant. Peu de propriétaires ont
des provisions de foin suffisantes pour soutenir leurs troupeaux pendant ce temps; la plupart d'entre eux n'en ont
pas du tout.

Dans de telles conditions, les chevaux deviennent de vrais
squelettes à la fin de l'hiver, et beaucoup périssent, surtout parmi les jeunes. Dès l'arrivée du printemps, aussitôt
que l'herbe commence à paraître sous la neige, la tribu
lève le camp, et se met en mouvement, avec ses troupeaux
et son bétail. On change de place à mesure que l'herbe
est mangée, mais quelquefois on décampe avant, si l'on a
en perspective de meilleurs pâturages. Le séjour sur le
même endroit ne dure jamais plus de trois semaines, ordinairement moins.

Ces pérégrinations continuent jusqu'aux derniers jours
de l'automne. Les chevaux et tous les bestiaux se refont
considérablement, bien que les maux qu'ils endurent ne
finissent pas avec l'hiver. En été, ils souffrent beaucoup
des changements brusques de la chaleur du jour au froid
des nuits, des vents brûlants chargés de poussière, du
manque d'eau ou de la mauvaise qualité de l'eau, souvent
salée et amère, des nuées d'insectes, des maladies épidé-
miques.

Mais ce sont surtout les jeunes animaux qui se ressentent
de ces pénibles conditions d'existence. Les poulinières
mettent bas au printemps, en mars, avril et mai; la plus

grande partie de leur lait est employée à faire *le koumisse* (1), qui est la principale nourriture et la boisson favorite des nomades. Le poulain est séparé de sa mère dès sa naissance ; on ne le laisse auprès d'elle que pendant la nuit, après la traite du soir. Toute la journée le poulain reste en plein soleil, sans nourriture, attaché à un pieu. Le malheureux passe ainsi tout l'été, et à l'automne, quand il s'est habitué à brouter, on le fait entrer dans le troupeau, avec lequel il subit toutes les calamités de l'hiver.

L'accouplement se fait ordinairement sans aucune sélection, au hasard. Les animaux commencent à reproduire sans avoir atteint l'âge adulte ; les étalons de trois ans ont déjà des kossiaks et les juments du même âge des poulains.

On voit donc que la vie des chevaux des peuples nomades diffère peu de celle des chevaux sauvages ; les conditions d'existence de ces derniers sont même plus favorables : leurs poulains profitent au moins de tout le lait de leurs mères. Beaucoup de chevaux ne supportent pas cette existence misérable, surtout les poulains, qui périssent en grand nombre ; mais ceux qui ont passé par toutes les épreuves, acquièrent une force de résistance extraordinaire contre la fatigue, la faim et les privations de toutes sortes, résistance qui est du reste leur qualité principale, car, grâce à ces mêmes souffrances, ils ne sont ni beaux, ni de grande taille. Cependant il a été prouvé par l'expérience, qu'il suffit d'améliorer un peu les conditions de leur vie pour les agrandir et leur donner des formes plus belles ; et qu'en surveillant avec plus d'attention la sélection des individus pour les accouplements, on peut même arriver à produire des animaux

(1) *Le koumisse* est préparé avec du lait de jument fermenté. Il est très nourrissant et légèrement enivrant. En médecine, on l'emploie avec succès, comme remède hygiénique, contre les maladies de poitrine.

excellents, bons pour tous les usages, mais surtout pour
la selle.

Les chevaux kirghizes.

Les steppes kirghizes s'étendent au nord-est de la mer
Caspienne, entre le 55° et le 43° de latitude septentrionale ;
ils embrassent une partie de la province d'Orenbourg, les
provinces de l'Oural, de Turgaï, d'Akmolin, de Semipalatinsk
et de Semiretchinsk. Sur cette vaste étendue de 1.962,000
verstes carrées (2.232.756 kilomètres carrés) habitent plus de
deux millions de Kirghizes. Mais à cause du manque d'eau et
de forêts, de la prédominance du sable dans le sol et d'une
grande quantité de marais salants, il y a, sur ces terrains
immenses, comprenant plus de 200 millions d'arpents (218
millions et demi d'hectares), relativement peu d'endroits qui
puissent servir à la culture régulière. Les steppes kirghizes
sont, pour ainsi dire, prédestinés à l'élevage des bestiaux nomades. Aussi il n'y a qu'un petit nombre de Kirghizes qui ont
des habitations stables et s'occupent d'agriculture — vie
qu'ils ont commencé à mener du reste il n'y a pas longtemps,
seulement depuis la colonisation dans leur voisinage des Cosaques et des paysans russes. Le gros du peuple kirghize est
resté franchement nomade, aux mœurs demi-sauvages. Cependant, même ceux qui se sont fixés et sont devenus sédentaires ne l'ont fait qu'imparfaitement ; ils ne restent dans leurs
demeures (misérables huttes de terre) que l'hiver, et pendant
le reste de l'année ils errent avec leurs troupeaux, aussi bien
que leurs congénères nomades, avec cette différence seulement
qu'ils ne s'écartent jamais trop loin de leurs habitations
fixes : ordinairement pas à plus de 30 ou 60 verstes (32 ou

64 kilomètres). Ils ont appris des colons russes à être un peu plus soigneux de leur bétail, à le soutenir pendant l'hiver avec des provisions de foin, rarement suffisantes, et à lui construire des abris contre le mauvais temps. Les Kirghizes sédentaires, outre les chevaux et les moutons, élèvent des bœufs et des vaches, mais rarement des chameaux, qui ne leur sont pas nécessaires dans leurs voyages de peu d'étendue. Les Kirghizes nomades s'occupent exclusivement de l'élevage du bétail et représentent le type le plus caractéristique des nomades vagabonds, demi-sauvages, de nos jours. Tout ce qui a été dit (pages 44-46) de l'élevage des bestiaux chez les nomades se rapporte principalement à ces Kirghizes-là. Ils errent dans les steppes dès le commencement du printemps jusqu'à l'automne le plus avancé, et même l'hiver ils ne restent pas toujours à la même place. Des espèces de tentes en feutre, appelées *kibitkas,* leur servent d'habitations ; en cas de besoin, ces kibitkas sont vite démontées, chargées sur les *arbas* (chariots à roues massives, faites d'une seule pièce) et transportées par les chameaux. Les Kirghizes nomades n'élèvent pas ordinairement de bœufs ni de vaches ; mais outre les chevaux et les moutons, ils ont des chameaux qu'ils emploient comme bêtes de somme pour le transport des *arbas,* chargées des kibitkas, des ustensiles de ménage et de ceux des membres de leurs familles qui ne peuvent aller à cheval.

De même que le Kirghize nomade est le représentant le plus pur du type nomade, son cheval est le produit le plus typique de l'élevage des chevaux à l'état demi-sauvage. Le cheval kirghize est ordinairement de petite taille, ayant rarement plus de 1^m,42 ; il est robuste de constitution ; sa tête est proportionnée, aux yeux expressifs, aux oreilles mobiles, et par sa configuration rappelle un peu celle du cha-

Pl. IX. Collection du Mᵈ I. Simonoff

Librairie Agricole de la Maison Rustique.

А. Бунинъ

KRIME (Hans, taille 1ᵐ 49ᶜ)
Cheval hongre (de race nogaï (tartare de Crimée).
Cheval de selle de S. A. I. le grand Duc Georges de Russie.

IMPRE LEMERCIER PARIS

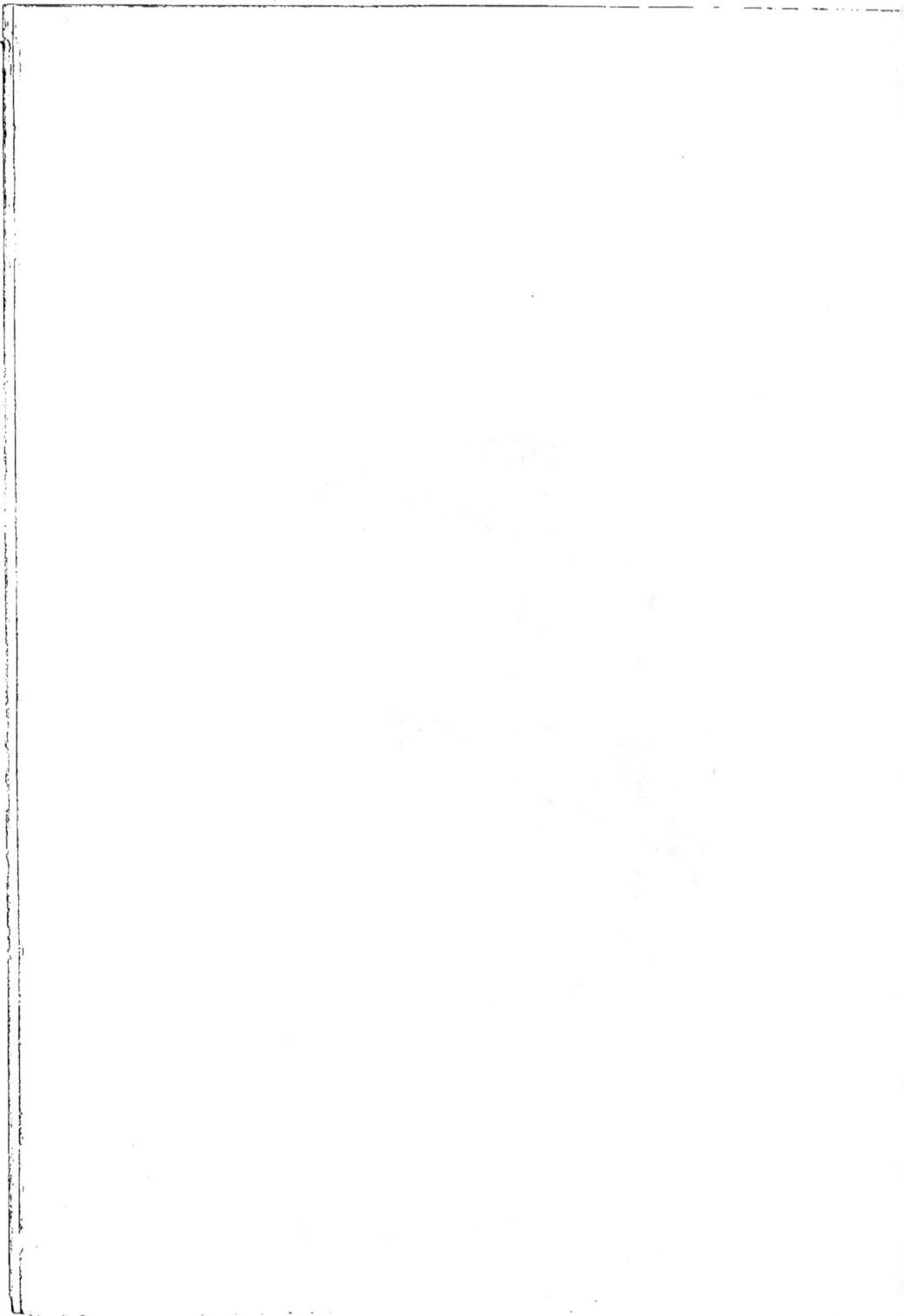

meau; son encolure n'est pas longue, et par la courbe de
devant ressemble à celle du cerf; le garrot est haut; la poitrine n'est pas large, mais forte; le dos est droit ou à peine
convexe; le rein large et haut; la croupe un peu avalée,
mais la queue y est bien plantée; les membres sont un peu
courts, mais admirablement développés, secs, musculeux
et très vigoureux; les sabots petits, durs et solides. Les
poils sont courts et lisses en été, longs et feutrés en
hiver; la queue et la crinière épaisses; la robe ordinairement claire : isabelle, aubère, rouan, alezan-clair, etc. La
planche IV représente le portrait d'une jument kirghize très
typique.

Le cheval kirghize n'a pas une belle apparence, mais il se
distingue par sa vigueur, son agilité et sa résistance surpre-
nante à la faim et à la fatigue; il peut se passer de nourriture pendant plusieurs jours et franchit aisément d'une
seule traite des distances de 70 à 100 verstes (75 à 106
kilomètres) faisant en moyenne 8 ou 10 (8 1/2 ou 10 1/2
kilomètres) et jusqu'à 12 ou 15 verstes (13 à 16 kilomètres) par
heure. Il supporte tous les climats et peut aussi bien servir comme cheval de selle que comme cheval d'attelage
Ce sont les privations et les souffrances que les chevaux
kirghizes supportent toute leur vie qui leur communiquent
cette résistance remarquable dont nous avons parlé. Leur
force, leur agilité et leur rapidité se développent par la
vie nomade qu'ils mènent continuellement et par les exercices fréquents pendant les incursions (*les barantes*) et les
courses. Les incursions se font en grandes compagnies et
ont pour but l'enlèvement des troupeaux aux tribus voisines : il arrive que, dans ces cas, on est obligé de faire au
galop, et sans halte, des distances de cent verstes (106 kilomètres ou même plus, et autant pour retourner avec le

troupeau enlevé. Mais ce qu'il y a de plus remarquable,
ce sont les courses des Kirghizes, qui ont lieu ordinairement
pendant la célébration de quelques fêtes. Les distances à
parcourir sont extraordinaires pour les chevaux européens :
25, 30 et jusqu'à 50 à 60 verstes (27, 32, 53 et 64 kilomètres) d'une seule traite. Avant de commencer les courses,
on choisit les juges dont une partie reste sur place pour
surveiller le départ des rivaux et l'autre se rend sur le
lieu de destination. Les cavaliers concurrents se mettent
en ligne et, à un signal donné, ils s'élancent de toute la
force de leurs chevaux. Les vainqueurs, c'est-à-dire ceux qui
arrivent les premiers à destination, reçoivent en récom-
pense des prix dont les premiers sont souvent d'une grande
valeur : une centaine de chevaux, cent ou deux cents moutons,
plusieurs chameaux, des armes précieuses, etc. ; les seconds
prix et les autres qui suivent ne sont quelquefois représentés que par un seul mouton. Peu nombreux sont les vainqueurs, mais tous les coureurs doivent tâcher d'arriver à
destination d'une manière ou d'une autre, car celui qui
n'arrive pas est déshonoré pour toujours. Pour éviter cet
opprobre, les parents des cavaliers dont les chevaux ont
perdu haleine avant d'arriver, traînent leurs montures à la
corde jusqu'au bout.

On ne peut évaluer, même approximativement, le nombre
des chevaux kirghizes ; mais il doit y en avoir plusieurs millions
(pages 32-33), ce qui fait que les chevaux kirghizes méritent
une attention particulière non seulement par leurs qualités,
mais aussi par leur quantité. L'administration générale des
haras de l'État le comprend très bien, et emploie tous les
moyens en son pouvoir pour consolider et améliorer cette race,
qui pourra fournir à l'avenir une riche matière à l'élève des
chevaux non seulement en Russie, mais en Europe en général.

Un nombre assez considérable de chevaux kirghizes est annuellement acheté pour la remonte de la cavalerie irrégulière des Cosaques d'Orenbourg et de l'Oural; beaucoup passent dans les provinces de Samara et de Saratow. On en vend aussi aux foires de la province de Simbirsk et des districts méridionaux des provinces de Viatka et de Perm, ainsi qu'à Rostow-sur-le-Don et dans la province de Tauride.

Les chevaux kalmouks.

Les Kalmouks ou *Oïrates*, comme les Kirghizes, sont d'origine mongole et mènent le même genre de vie nomade. Ils viennent de la Mongolie, située, comme on le sait, au nord de l'empire chinois et limitrophe de la Sibérie. Leurs ancêtres ont commencé leur immigration en Russie au dix-septième siècle. Ils se sont dirigés de la Djoungarie vers l'Occident. La masse principale de Kalmouks ne s'arrêta dans sa marche qu'en arrivant aux steppes qui ont reçu leur nom et qui se trouvent au nord de la mer Caspienne, entre les fleuves Volga et Oural. Une autre troupe de ces nomades, beaucoup moins nombreuse, s'achemina vers les vallées des monts Altaï, et s'y établit. On ne donne le nom de chevaux kalmouks qu'à ceux qui vivent dans les steppes entre les fleuves Volga et Oural. Quant aux chevaux des Kalmouks de l'Altaï, bien qu'ils proviennent de la même souche, ils se sont à tel point changés sous l'influence du sol montagneux et du genre de vie qui en résulta, qu'ils représentent maintenant une race tout à fait à part, *la race d'Altaï*, dont nous parlerons plus loin.

Les chevaux kalmouks, c'est-à-dire ceux qui habitent dans

les steppes kalmouks, mènent le même genre de vie primitive que les chevaux kirghizes et avec ceux-ci représentent le
vrai type des chevaux de steppes nomades (pages 43-46). Mais
grâce au contact plus intime des Kalmouks avec les Russes,
on remarque déjà, dans leur mode d'élever les chevaux, certains indices d'amélioration qui se traduisent dans les pro-

Fig. 22. — *Cheval kalmouk.*
D'après photographie.

visions de foin qu'ils font pour l'hiver, dans la construction
des abris pour les chevaux contre le froid et le mauvais
temps et quelquefois même dans la sélection des étalons
pour l'accouplement. Mais tout cela n'est jusqu'à présent
qu'à l'état embryonnaire et n'est appliqué plus ou moins
régulièrement que par quelques propriétaires riches.

Les chevaux kalmouks ont une apparence aussi peu élégante
que les chevaux kirghizes, mais ils sont ordinairement plus

grands : de 1^m,47 à 1^m,52 et quelquefois même jusqu'à
1^m,56; leur tête est longue et plus grossière que celle des
chevaux kirghizes, plus charnue, avec la mâchoire inférieure
très développée; les yeux assez vifs; l'encolure renversée,
comme chez tous les chevaux de steppes, rappelle celle
du cerf; le dos est droit et la croupe moins avalée que
celle des chevaux kirghizes; la queue est bien attachée; les
membres sont robustes avec des muscles et des tendons
admirablement développés; les sabots durs et solides. Les
poils sont ras; la robe ordinairement claire, souvent alezan-
clair et plus rarement alezan-foncé. Les chevaux kalmouks
sont aussi vigoureux, agiles et rapides que les chevaux
kirghizes; comme ces derniers ils peuvent parcourir d'une
seule traite 100 verstes (106 kilomètres) et même plus, sans
nourriture; il y a beaucoup de chevaux ambleurs. Un des
défauts des chevaux kalmouks est la lenteur de leur développement et de leur croissance; ils ne sont complètement
formés qu'à l'âge de cinq ou même de six ans.

Les Kalmouks sont d'excellents cavaliers et les courses
à grandes distances sont aussi en usage parmi eux que
parmi les Kirghizes.

La figure 22 et la planche V représentent deux chevaux
kalmouks.

Le nombre des chevaux kalmouks n'est certainement pas
moindre d'un demi million.

Les chevaux de la race kalmouke se vendent principalement dans les provinces d'Astrakan et de Saratow, ainsi
que dans le territoire de l'armée du Don. On les amène
aussi aux foires des provinces de Kherson, de Poltava, de
Podolie et du sud-ouest de la Russie d'Europe, quelquefois
même aux foires de la Pologne russe (par exemple à la foire
de Jarki, dans la province de Pétrokow).

Les chevaux de la race d'Altaï sont élevés, comme nous l'avons déjà dit, dans les vallées des monts Altaï. Leur extérieur rappelle celui des chevaux kirghizes, mais ils en diffèrent par leur taille, qui est plus grande, par leur squelette, qui est plus large et plus développé, par leurs *sabots de fer*. Les chevaux de cette race ne conviennent bien ni pour le harnais ni pour la selle; mais ils sont admirablement adaptés à l'usage auquel ils servent ordinairement, c'est-à-dire au transport à dos des marchandises par les montagnes; sous ce rapport aucune autre race de chevaux ne peut rivaliser avec eux. Pendant toutes les saisons de l'année et par n'importe quel temps, ils font à travers les montagnes de longs voyages, chargés d'un poids de 8, 9 à 10 pouds (de 131 à 164 kilos) se nourrissant de l'herbe rare qu'ils trouvent sur leur passage et qu'ils doivent en hiver découvrir sous la neige en la creusant avec leurs sabots. C'est ainsi que l'on transporte annuellement les marchandises à Yakoutsk, à Sredne-Kolymsk, Nijne-Kolymsk, Okhotsk, Hijiga et à Kamtchatka. Il ne serait possible de passer par ces chemins ni en voitures à roues ni en traîneaux; ils ne peuvent être suivis que par les bêtes de somme. Les mulets n'existent pas dans ces contrées; et les chameaux ne sont pas propres à ce genre de voyages par les montagnes, que les chevaux d'Altaï exécutent avec patience et docilité.

CHAPITRE IV.

Cette transition vers un élevage plus régulier se mani-
feste surtout en ce qu'on ne laisse plus les chevaux entièrement à leurs propres ressources. On les surveille, on leur
construit des abris contre le froid et le mauvais temps, on
leur prépare du fourrage pour l'hiver et l'on donne plus d'attention aux accouplements, en profitant pour cela souvent
des étalons pris dans les écuries de monte, dans les haras
particuliers ou de l'État, s'il y en a dans le voisinage. A
cette catégorie appartiennent les chevaux bachkirs, les
chevaux des Cosaques de l'Oural et du Don, la plus grande
partie des chevaux du Caucase, les chevaux nogaïs ou chevaux de Tartares de Crimée et les chevaux des contrées
asiatiques, réunies à la Russie pendant la dernière moitié de
ce siècle, de Turkmenie, de Boukharie, de Khiva, etc.

Les chevaux bachkirs.

Les Bachkirs sont d'origine finoise et mongole et de reli-
gion mahométane. Au nombre de plus de 300 mille ils vivent

dans cinq provinces contiguës du nord-est de la Russie d'Europe, notamment dans les provinces de Viatka, de Perm, de Samara, d'Oufa et d'Orenbourg. Le pays habité par eux est en partie montagneux et en partie couvert de prairies; en général il est fertile et possède non seule-

Fig. 23. — *Cheval bachkir* de plaine.
D'après la photographie faite par le Docteur L. Simonoff.

ment de riches pâturages, mais aussi des terres très favorables à l'agriculture. Grâce à cela les Bachkirs, qui sont venus ici nomades, se sont petit à petit transformés en peuple sédentaire, en cultivateurs, ayant des habitations fixes. De leurs anciennes habitudes ils n'ont conservé que leurs voyages annuels avec leurs troupeaux, pendant l'été, à partir du milieu de juin jusqu'en septembre; mais dans ces

H. Lazerges.

KARABAGH (16 ans, taille 1m 48)
Etalon de la race de Karabagh (caucase),
Appartient à S. A. J. le Grand Duc Héritier de Russie.

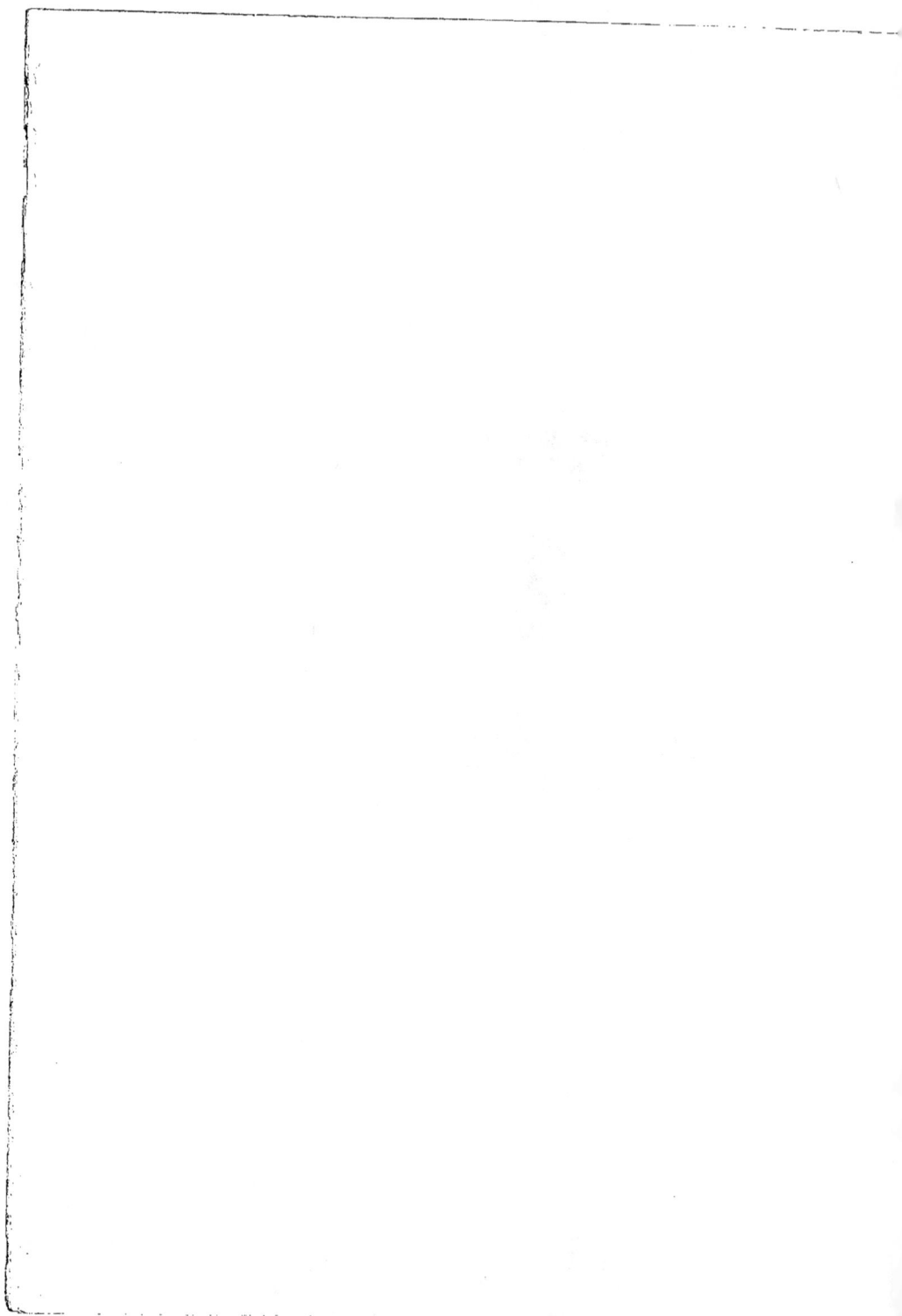

voyages ils ne s'écartent jamais loin de leurs demeures. Ce genre de vie a influé sur les chevaux bachkirs qui ont perdu le caractère des chevaux de steppes demi-sauvages et se rapprochent maintenant plutôt du type des chevaux rustiques, plus aptes aux harnais qu'à la selle, ressemblant en cela aux chevaux des paysans russes, qui proviennent aussi des races de steppes.

Les chevaux bachkirs, sont, comme leurs maîtres, probablement d'origine finoise et mongole avec un mélange plus ou moins considérable du sang de la race kirghize qui est dans leur voisinage et qu'ils rappellent plus ou moins. Mais les chevaux bachkirs sont moins secs et ont le squelette plus développé; leur tête est plus grande et plus droite dans son profil; leurs yeux moins vifs; les oreilles sont grosses et branlent à chaque mouvement de tête; l'encolure est ordinairement plus longue que celle du cheval kirghize et sans proéminence en avant; la poitrine est assez large; le dos modérément long; la croupe peu avalée: les membres sont robustes, les sabots solides. Les poils et la robe sont pareils à ceux des chevaux kirghizes. Leur taille varie entre 1^m,42 et 1^m,56. Ils sont dociles et de caractère flegmatique. Ils supportent aussi bien que les chevaux kirghizes la fatigue, les variations de température et de climat. Ceux des chevaux bachkirs qui ont été élevés sur les montagnes sont ordinairement plus petits de taille et plus trapus que les chevaux des plaines. La planche VI représente un cheval bachkir de montagne et la figure 23 celui de plaine.

On compte environ 600 mille chevaux bachkirs.

Les chevaux bachkirs servent aussi à remonter les régiments de Cosaques d'Oural et d'Orenbourg. On les vend dans les mêmes endroits que les chevaux kirghizes (voir page 51).

Les chevaux de Cosaques de l'Oural.

Les Cosaques de l'Oural vivent tout le long du fleuve Oural, ayant pour voisins d'un côté les Bachkirs, de l'autre les Kirghizes, et grâce à cela leurs chevaux représentent une race mixte du sang bachkir et kirghiz. Ils ont été produits sans doute par le croisement de ces deux races, mais grâce à de meilleurs soins ils ont acquis des formes plus belles. Leur tête est plus légère que celle des chevaux bachkirs; ils ont une encolure renversée, mais plus longue que celle des chevaux kirghizes; la croupe est à peine avalée; la poitrine et tout le corps en général ont de belles proportions; les membres sont secs, musculeux, garnis de sabots solides. Leur taille moyenne est de 1^m,45. Ils sont très endurants, très agiles et rapides. La planche VII représente le portrait d'un de ces chevaux.

Les chevaux du Don.

Les steppes fertiles des Cosaques du Don s'étendent sur les bords du fleuve du même nom et de ses affluents. Ils ont servi, depuis des siècles, de pâturages aux nombreux troupeaux de chevaux, parmi lesquels on rencontrait encore, au commencement de notre siècle, des chevaux tout à fait sauvages, des tarpans. La race des chevaux du Don est le produit d'un mélange d'éléments non moins variés que ceux dont est formé le Cosaque du Don lui-même. Laissant de côté les époques reculées des Sarmates, des Huns, des Petchenègues, des Avares, des Polowtzy, etc., pour ne parler que d'un temps relativement peu éloigné, nous voyons, trois cents ans avant notre époque et même plus près de nous encore, affluer vers le Don les aventuriers de tous les coins de la Russie et des pays avoisinants : des Russes, des Cosaques de la Petite Russie, des Polonais, des Bohémiens, des Hongrois, des Juifs, des Tartares, des Kalmouks, etc. Tous ces hommes y venaient pour vivre de guerre et de pillage, et ils y amenaient des chevaux, qui leur étaient nécessaires pour leurs incursions. D'un autre côté, une grande quantité de chevaux et souvent des troupeaux entiers tombaient entre leurs mains comme butin de leurs guerres avec les Turcs, les peuplades du Caucase, etc. Il est donc évident que les éléments qui ont servi à la formation du type des chevaux du Don sont réellement très variés; cependant il doit y prédominer le sang des races voisines : le sang des chevaux du Caucase et de Kalmouks.

Le cheval typique du Don n'est pas grand de taille : de 1^m,47 à 1^m,56; sa tête est sèche, ordinairement busquée, avec les oreilles mobiles et les yeux petits; l'encolure renversée; le garrot, haut et suffisamment incliné; le dos, qui n'est pas long, est droit ou légèrement convexe; le rein vigoureux, la croupe longue, large et un peu avalée, avec une queue bien plantée; la poitrine n'est pas large, mais bien conformée; les côtes modérément convexes, et le passage des sangles profond; le ventre plutôt déprimé (levretté. Les membres sont longs, secs et solides, très caractéristiques pour la race; les cuisses et les jambes de l'arrière-main sont longues et plus droites que chez les autres chevaux du type oriental; les avant-bras des membres de devant sont aussi longs, mais les genoux un peu plats. Les sabots sont petits et solides; les allures libres, larges et amples; la queue longue et épaisse. La crinière est aussi épaisse, mais courte. Les couleurs habituelles de la robe sont : alezan clair et foncé, bai,

bai-brun, gris et rarement noir. Le cheval du Don n'est pas
beau, mais il est très résistant, très élastique, agile et rapide.
C'est vrai qu'il franchit les petites distances moins rapidement que le cheval de course anglais ; cependant souvent il

Fig. 24. — *Cheval du Don.*

ne lui faut pas plus de 9 minutes, avec un cavalier pesant
4 pouds (65 kilog. 5), pour parcourir six verstes (6 kilom. 4),
distance que le pur sang anglais peut franchir en 8 minutes ;
mais quant aux grandes distances de 15 à 30 verstes (16 à
32 kilomètres) le cheval du Don les parcourt certainement
avec plus de facilité et moins de fatigue que le pur sang
anglais; 6 à 7 verstes (de 6,4 à 7,5 kilomètres) par heure
au pas est son allure ordinaire. Le cheval du Don galoppe

bien, mais il est peu apte au trot régulier. Il franchit hardi-
ment les obstacles et n'a peur ni du bruit ni des coups de
fusils; son caractère est égal et ferme, mais il est un peu irri-
table et méfiant.

Le cheval typique du Don de la race ancienne, celle
dont nous venons de parler, devient de plus en plus rare à
cause des mélanges continuels avec d'autres races. Maintenant se met au premier plan une race nouvelle, que l'on
appelle la *race améliorée du Don* et qui est formée par le
croisement des chevaux de l'ancienne race avec les chevaux des haras, principalement ceux du comte J. J. Platoff,
du général Martinoff et de D. J. Ilovaïski. Le cheval de cette
race améliorée est plus grand, plus beau et plus élégant
que le cheval de l'ancienne race, mais il est peut-être moins
résistant.

La figure 24 représente le cheval typique de l'ancienne
race et la planche VIII le portrait colorié du cheval du Don
de la nouvelle race améliorée.

En 1882 le territoire de l'armée du Don possédait 426,342
chevaux.

On amène annuellement une certaine quantité de chevaux
du Don aux foires des provinces d'Astrakan, de Saratow, de
Voronège (districts méridionaux), de Koursk, de Kharkow,
de Poltava, de Tauride, de Catherinoslaw, de Kherson, de
Bessarabie, des provinces de sud-ouest de la Russie d'Europe et en Pologne russe. On les exporte aussi à l'étranger, en
Autriche-Hongrie, en Prusse et dans la Péninsule des Balkans.

Les chevaux nogaïs ou chevaux de Tartares de Crimée.

On rencontre encore jusqu'à présent dans la province de
Tauride des représentants de cette race nogaïe, qui avait été

jadis si renommée. On attribue l'origine des chevaux nogaïs au croisement du cheval tartare avec le cheval abkhase (Caucase) et plus tard avec les chevaux d'Ukraine et de Pologne. Ces chevaux ont une belle apparence et une taille moyenne de 1^m,47, mais il y en a qui sont beaucoup plus petits. Leurs formes sont légères, mais bien proportionnées et solides ; leur tête est petite et noble, leur encolure renversée. Ils ont la poitrine bien développée, le garrot élevé ; la croupe presque droite avec une queue bien plantée ; les membres fins et musculeux, mais souvent avec des genoux plats ; les sabots durs et résistants. Leurs allures sont très agréables, et beaucoup d'entre eux sont d'excellents trotteurs. En même temps ils sont très résistants et rapides. Un beau spécimen de cheval nogaï de petite taille est représenté sur la planche IX.

Les chevaux caucasiens.

Les steppes n'existent que dans les parties septentrionales du Caucase limitrophes du territoire du Don et des steppes kalmouks. Tout le reste du Caucase est sillonné de montagnes dans toutes les directions. La plupart des chevaux caucasiens sont par conséquent des chevaux de montagnes. Nous les classons parmi les chevaux de steppes, parce que la manière de les élever est la même, c'est-à-dire en tabounes ou troupeaux qui passent la plus grande partie de leur vie en plein air, se nourrissant principalement d'herbe qu'ils trouvent sous leurs pieds. La seule différence est qu'ils vivent et paissent non pas dans les plaines, mais sur les plateaux ou coteaux des montagnes et dans leurs vallées. Mais il a suffi de cette différence pour produire dans leurs formes et leur caractère des particularités qui les distinguent assez des vrais chevaux de steppes, auxquels ils ressemblent, cependant, et dont la plupart d'entre eux sont issus.

Il n'y a qu'une seule race de chevaux caucasiens qui, par ses caractères extérieurs et intérieurs, fasse une race tout à fait à part; c'est la race *karabaghe*. Toutes les autres races caucasiennes se ressemblent à tel point que même un connaisseur éprouve quelque difficulté à les distinguer les unes des autres. Cela provient de ce qu'aucune race caucasienne, à l'exception de celle de Karabagh, n'est conservée pure, à cause des croisements continuels avec les races voisines.

La race karabaghe a une grande ressemblance avec les nobles races arabe et persane, dont elle tire sans doute son origine. On croit que la race karabaghe est issue du croisement des chevaux arabes et persans avec les chevaux turcomans. Elle porte le nom du khanat Karabagh, qui existait jadis sur le versant méridional des montagnes caucasiennes, entre les rivières Koura et Arakse; ce territoire forme maintenant une partie de la province de Bakou. Les khans maintenaient cette race dans sa pureté primitive même après l'annexion du khanat à la Russie. Mais en 1826 l'invasion des Perses dans la province de Bakou y a fait de très grands ravages; bien des tabounes de chevaux, et parmi eux les meilleurs reproducteurs, ont été emmenés en Perse. Après cet événement, on a essayé avec plus ou moins de succès, surtout dans les haras du prince Madatoff, de reconstituer la race karabaghe; mais on n'a pu la ramener à son état florissant d'avant la guerre. Après la mort du prince Madatoff une partie de son haras fut dilapidée, une autre transférée dans la province de Kharkow, et le reste fut acheté par W.-D. Ilovaïski, en 1836, pour ses haras du Don. Tout cela explique pourquoi il existe maintenant très peu de chevaux de la race karabaghe. Il y a quelques années, on citait comme les meilleurs ceux du haras de Djafar-Kouli-Khan. Les conditions locales sont pourtant si propices à l'élevage des chevaux qu'il ne faudrait qu'un peu de bonne volonté pour rétablir cette race admirable ; et ce serait d'autant plus facile que cette partie du Caucase est précisément limitrophe des régions de la Perse qui sont riches en beaux chevaux (voir pages 24-25).

Ainsi que ses congénères de Perse et d'Arabie le cheval karabagh est petit de taille, dépassant rarement 1ᵐ,47. Il leur ressemble aussi par sa constitution ; il en a les formes sèches, les os fins et solides, les muscles saillants, la peau fine et transparente, les poils doux, soyeux et brillants. Le crâne et le chanfrein sont très développés ; le front proéminent ; le museau étroit ; les yeux, grands et pleins de feu, sont à fleur de tête et disposés relativement bas ; les oreilles de moyenne grandeur et très écartées l'une de l'autre. L'encolure est bien arquée, plutôt courte que longue ; le corps n'est pas long ; le garrot haut ; le dos ordinairement droit et solidement rattaché à la croupe. Les extrémités sont sèches et nerveuses, comme celles du cheval arabe, mais quelquefois les aplombs du devant et du derrière sont peut-être un peu trop ouverts. Les sabots sont solides, avec un talon haut et quelquefois resserré. La robe typique est *alezan-clair-doré couleur de citron, avec la queue et la crinière marron-rouge de sang* ; mais il y a aussi des chevaux à robe isabelle, alezane, grise et blanche. Les chevaux karabaghs ont un tempérament nerveux, énergique ; leurs allures sont amples et dégagées ; tous les mouvements lestes et gracieux. La planche X nous donne le portrait d'un cheval karabagh très typique.

Les chevaux des autres races caucasiennes, comme nous l'avons déjà dit, se ressemblent beaucoup entre eux, ainsi qu'à leurs voisins, les chevaux de steppes. Leur origine est inconnue, mais il y a tout lieu de croire qu'ils sont issus du croisement des races les plus diverses; il y a en eux des indices qui permettent de leur supposer aussi quelque parenté avec la race arabe ou persane. Tous ces chevaux sont ordinairement connus sous le nom de chevaux *circassiens*. Leur taille moyenne est de 1ᵐ,42, plutôt moindre que plus grande. Leur tête est sèche, à profil droit ou légèrement moutonnée; l'encolure n'est pas longue, quelquefois renversée; le dos est court, la poitrine assez large, la croupe droite ou légèrement avalée, les membres secs et musculeux; les sabots très solides, mais quelquefois d'une forme défectueuse — *encastelés*. Leur robe est très variée : alezan, bai-cerise, bai-chatain, gris et blanc. Les chevaux circassiens sont robustes, fringants, pleins de feu, hardis, solides sur pieds et très prudents; ils sont capables de gravir, sans accident, les montagnes par des sentiers inaccessibles aux autres chevaux. Leur instinct est si subtil qu'ils ne s'égarent jamais, même pendant la nuit la plus sombre, si le cavalier leur donne seulement pleine liberté. Ils ne sont pas moins endurants que les chevaux kirghizes ou kalmouks et peuvent aussi supporter tous les climats.

Parmi les chevaux circassiens, les meilleurs sont ceux de la Kabarda, — les chevaux *kabardiens*. Ils sont plus grands de taille que les chevaux des autres races circassiennes et mesurent ordinairement plus de 1ᵐ,42. Ensuite on peut citer les races *lezghine*, *abkhaze* et *géorgienne*, qui diffèrent fort peu l'une de l'autre. Sur la planche XI est représenté un cheval de race kabardienne et sur la planche XII un cheval de race lezghine.

Les chevaux caucasiens sont très recherchés par les Cosaques du Don, qui en achètent annuellement de grandes quantités. On les vend aussi aux foires des provinces de

Tauride, de Catherinoslaw, de Kherson, de Poltava, de Kiew et de Podolie; plus rarement aux foires des districts méridionaux des provinces de Voronège et de Saratow.

Les chevaux des provinces annexées à la Sibérie.

Parmi ces chevaux sont compris les chevaux turcomans,

Fig. 25. — *Cheval turcoman de Téké.*
D'après photographie.

les chevaux de Boukhara et de Khiva, qui tous se ressemblent en général. Le pays qu'ils habitent et le mode de leur

élevage rappellent, sous bien des rapports, l'Arabie et l'élevage des chevaux arabes. D'un autre côté, il est certain que
leur sang a été souvent mêlé avec celui des chevaux arabes
et persans. Il n'est donc pas étonnant qu'ils aient beaucoup
de ressemblance avec ces nobles races ; le même corps, sec
et anguleux, garni de muscles et de tendons forts et saillants ; la tête bien dessinée, bien proportionnée, au profil
droit, au front large et légèrement bombé, aux yeux grands
et vifs ; mais les oreilles sont ordinairement plus longues.
L'encolure, relevée, est bien plantée, le dos droit et robuste,
la croupe longue, souvent légèrement anguleuse, avec la
queue bien attachée. Les membres sont aussi secs et bien
disposés, mais comparativement plus longs que ceux du cheval arabe ; les pâturons quelquefois trop longs. Les pieds sont
garnis de courts fanons, les sabots petits et solides. Tout
l'ensemble est un peu plus grossier et moins beau que celui
des chevaux arabes pur sang ; mais, en revanche, ils sont
ordinairement plus grands de taille. Les couleurs de la robe
sont pareilles à celles des chevaux arabes, mais on rencontre
souvent parmi eux des chevaux à robe tigrée. La figure 25
et la planche XIII représentent deux chevaux de la race *tur-
comane-Téké* (ou simplement de la race *Téké*, qui se distingue par sa crinière très courte et sa grande taille, mesurant
ordinairement plus de 1^m,60. La planche XIV représente le
cheval de Boukhara.

On ne peut évaluer, même approximativement, le nombre
des chevaux élevés dans ces pays, car il n'existe aucune
donnée statistique à ce sujet ; mais il est probable qu'il y en
a au moins plusieurs centaines de mille. Ces chevaux offrent,
sans contredit, un élément excellent pour la formation et
l'amélioration des races de chevaux de selle, d'autant plus
qu'ils se distinguent par une qualité qui manque à la plupart

des autres chevaux de steppes, l'élévation de leur taille.

Nous croyons nécessaire de faire aussi mention de la *race de chevaux élevés par les Cosaques de l'Amour,* race que nous a fait connaître le sotnik (1) D. Pechkoff, du voyage duquel on a parlé, il y a quelques années, dans les journaux de tous les pays. Sur le dos d'un des chevaux de cette race, le sotnik a parcouru en 193 jours la distance qui sépare Saint-Pétersbourg de Blagovestchensk, situé aux bords de l'Amour, c'est-à-dire 8283 verstes ou 8838 kilomètres. Après le voyage, le cheval est resté entièrement intact, ce que l'on peut voir sur son portrait, que nous donnons planche XV et qui a été fait en 1892. Au dire du sotnik Pechkoff, des chevaux pareils à celui-ci sont élevés par les Cosaques de l'Amour en tabounes de 10 à 20 têtes. Ils sont probablement proches parents des chevaux mandchoux (2), auxquels ils ressemblent par leur extérieur. Pour nous, ils rappellent aussi la variété des chevaux bachkirs élevés dans la partie montagneuse de la Bachkirie (comparez les planches VI et XV).

(1) Officier de Cosaques.
(2) Les Mandchoux sont un peuple habitant la partie septentrionale de l'empire chinois, séparée de la Sibérie par le fleuve Amour.

CHAPITRE V.

Dans cette catégorie sont compris tous les chevaux élevés pour les travaux de l'économie rurale. Grâce à cet élevage, ils ont tous plus ou moins acquis le caractère de chevaux de harnais, ce qui les distingue essentiellement des chevaux de steppes des trois catégories précédentes, qui sont principalement des chevaux de selle. Les races chevalines appartenant à cette catégorie sont formées d'éléments plus divers et élevées dans des conditions plus dissemblables que les races de steppes, et par cette raison présentent beaucoup plus de variétés que ces dernières. Sur 22 millions de chevaux de la Russie d'Europe, près de 19 millions appartiennent, par leur élevage justement, au type rustique. Mais parmi ce grand nombre de chevaux, il n'y a qu'une proportion minime sur laquelle le système d'élevage a agi assez longtemps et d'une manière assez suivie pour en former des races à part, des races caractérisées. Le reste, c'est-à-dire la plus grande partie, est connu sous le nom collectif de *chevaux de paysans* et représente un ensemble tellement discordant et varié, qu'il est presque impossible de s'y orienter.

Parmi les races plus ou moins caractéristiques des che-

vaux rustiques il faut nommer : les bitugues, les chevaux de
Viatka et d'Obvà, les chevaux de Mézen, les kleppers esthoniens, les chevaux finois et les chevaux jmouds.

Les bitugues.

Les bitugues ont reçu leur nom du fleuve du même nom,
qui traverse le district de Bobrow, de la province de Voronège. Ils ont été formés, au commencement du dernier siècle,
par le croisement des étalons hollandais, envoyés ici par
Pierre le Grand, avec les juments indigènes. Plus tard, après
la fondation du haras de Khrenovoyé, cette race a été encore
améliorée par le sang du trotteur orlow. Dès lors la race
bitugue a été élevée non seulement dans les haras particuliers ou de l'État, mais aussi et principalement par les
paysans des provinces de Voronège et de Tambow. Tant
que ces provinces possédèrent de vastes et plantureux pâturages, la race prospéra; mais depuis la transformation
de la plus grande partie des prairies en terrains cultivés, les
chevaux bitugues deviennent de plus en plus petits de taille
et perdent à vue d'œil leur type caractéristique, ce qui fait
que maintenant on ne trouve de vrais bitugues que dans les
haras ou chez de très riches paysans. Le village de *Chou-
kàvka*, dans la province de Voronège, est, entre tous les autres, renommé par ses bitugues.

Le bitugue est l'unique cheval de gros trait essentiellement russe; sa taille est de 1^m,60 à 1^m,70; sa constitution est forte et bien proportionnée; la poitrine et le tronc en
général sont larges; le dos un peu long, mais solide; la croupe
arrondie, légèrement avalée et quelquefois double; la tête est
de moyenne grandeur, ordinairement busquée et ornée de

grands yeux; l'encolure est assez massive et charnue, pas
très courte et suffisamment relevée; la crinière, la queue et
les fanons longs; les membres robustes et musculeux, aux
pâturons courts; les sabots très solides; les couleurs de
robes : pie, rouan, gris, bai, alezan et noir. Les bitugues
sont très vigoureux, énergiques au travail et fort résistants;
d'un caractère docile et obéissant. Leurs mouvements sont
amples, libres et réguliers; beaucoup se font remarquer par
leur trot excellent, ce qui fait qu'on les emploie non seulement pour le gros trait, mais aussi pour le trait léger, comme
carrossiers, par exemple. Par ses qualités physiques et morales, le bitugue convient à la Russie beaucoup plus que les
chevaux de gros trait des races étrangères, surtout parce
qu'il est, malgré sa grande force (il peut traîner de 150 à 200
pouds ou de 2500 à 3200 kilogrammes et même plus), beaucoup moins lourd que ces derniers; avantage très grand
pour nos routes non pavées. Puis l'humeur plus vive et la
marche plus rapide du bitugue correspondent beaucoup plus
au caractère russe. Mais ce qui est plus important encore, c'est
que l'utilité incontestable du bitugue pour nous a été prouvée
par l'expérience, tandis que celle de ses concurrents étrangers est encore à prouver; plusieurs d'entre eux ont déjà
réussi à tromper l'espérance qu'on avait fondée sur eux, par
exemple les percherons et les fameux clydesdales; maintenant
on essaye les ardennais belges. Mais il serait beaucoup plus
sûr de suivre le proverbe russe qui conseille de « ne pas perdre le bien en cherchant le mieux », c'est-à-dire d'employer
nos efforts moins à la transplantation en Russie des races
étrangères, peu connues chez nous et toujours très coûteuses,
qu'à l'amélioration et au renouvellement de la race déjà suffisamment appréciée par nous et qui, grâce à notre négligence,
tend à disparaître.

Le concours hippique de 1891, à Saint-Pétersbourg a prouvé, selon nous, que même les tentatives d'amélioration des bitugues par le croisement avec les percherons et les clydesdales n'ont pas été assez heureuses. Plusieurs de ces

Fig. 26. — *Bourny*, étalon gris-pommelé de la race bitugue; 6 ans, taillé 1ᵐ,66.
D'après la photographie faite au concours hippique de 1891, à Saint-Pétersbourg.

métis ont obtenu des primes; mais, pour les connaisseurs, ils étaient trop lourds, d'une constitution peu harmonieuse et pas beaux du tout. Pour réussir, il fallait choisir une race semblable, plus parente du bitugue. Et c'est précisément par cette raison que nous croyons que l'essai nouvellement entrepris par le Chef des haras de l'État, le comte J. J. Voront-

Pl. XII Collection du Dr. L. Simonoff

Абынинъ

LESGUINE (10 ans, taille 1m 48)
Cheval Lhongre (de race lesguine (tiautase).
Appartient à S. A. I. le Grand Duc Héritier de Russie.

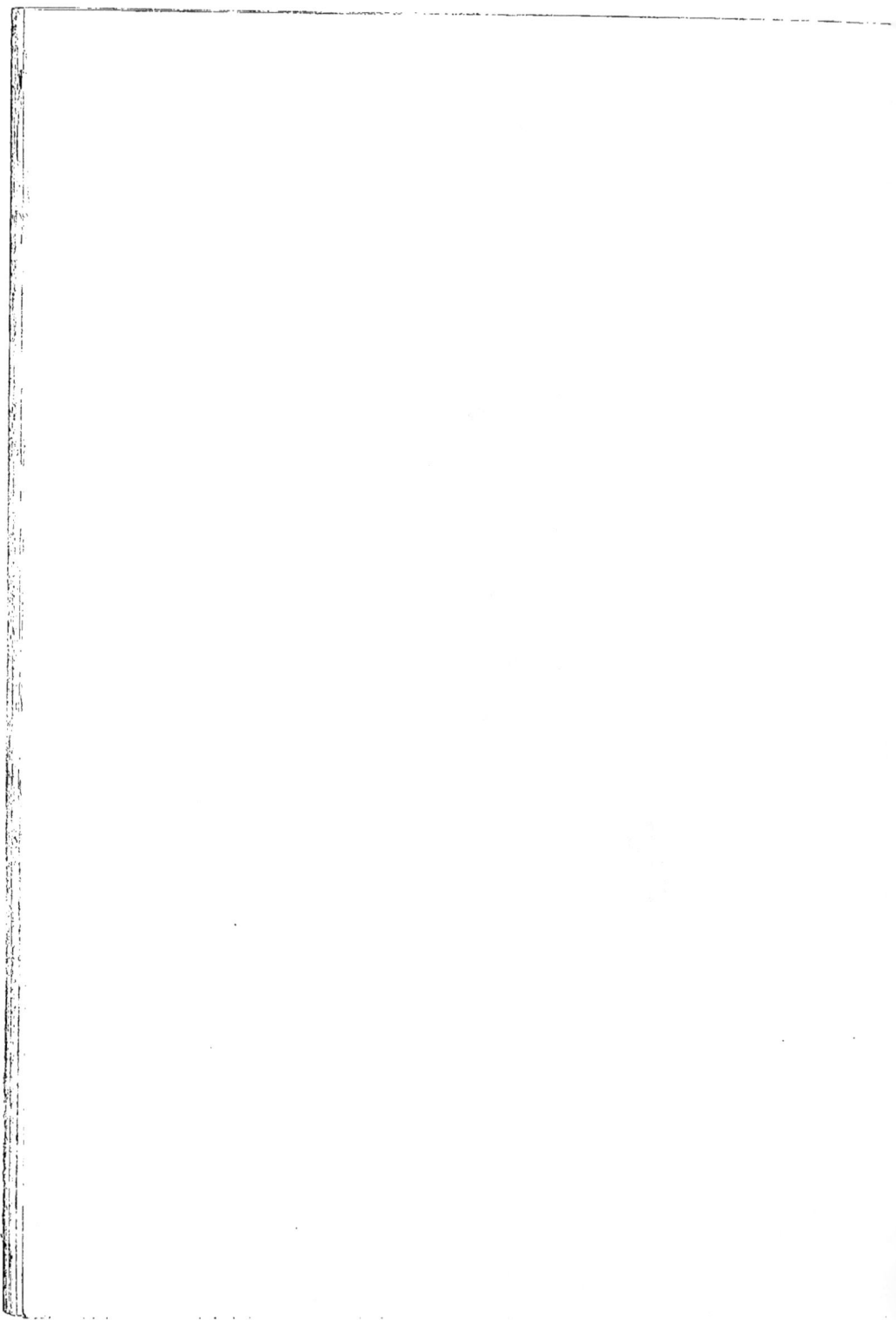

zow-Dachkow, d'améliorer ou plutôt de rétablir nos bitugues
avec le sang des chevaux danois, a toutes les chances de réussir. Ceux qui ont vu les chevaux amenés pour cela du Danemark, seront d'accord avec nous : tellement ces chevaux
rappellent les bitugues par leur stature et leurs formes. Et
il n'y a là rien d'étonnant, car la race bitugue est proche parente de la race danoise. Comme nous l'avons dit plus haut,
les bitugues sont issus du croisement des chevaux indigènes
de paysans avec les chevaux hollandais et les trotteurs d'Orlow, deux races qui contiennent une bonne dose de sang
danois. Il est probable même que les chevaux danois ont pris
une part plus immédiate dans la formation de la race bitugue, car parmi les chevaux hollandais qui au temps de
Pierre le Grand ont été amenés dans ce but de l'étranger, il y
avait aussi des chevaux danois. Du reste, pour se convaincre
de l'affinité du cheval danois avec le bitugue, on n'a qu'à comparer les figures 26 et 72 et la planche XVI qui représentent
les portraits fidèles de deux bitugues et d'un cheval danois.

On peut rencontrer les bitugues aux mêmes foires où l'on
vend les trotteurs de haras (voir pages 95-96).

Les chevaux de Viatka et d'Obva.

On donne le nom de *viatkas* aux chevaux petits de taille,
mais robustes, intelligents et très résistants, qu'on élève
sur les bords des fleuves Kama et Obva (un affluent de
Kama) dans les provinces de Viatka, de Perm et dans
la partie septentrionale de la province de Kazan. Cette race
est issue du croisement des chevaux indigènes avec les
kleppers esthoniens, qui furent transportés dans ces contrées sous les règnes d'Alexis Mikhaïlowitch et de Pierre le

Grand; plus tard le sang des chevaux finois y fut aussi mélangé.

Les viatkas, d'une taille moyenne de $1^m,42$, sont forts et bien proportionnés; leurs membres sont robustes, leurs sabots solides; leur apparence est assez belle, leur naturel doux et obéissant; leurs allures rapides. (Voir la planche XVII.)

Les viatkas élevés sur les bords de l'Obva sont connus sous le nom d'*obvinkas,* et ceux de la province de Kazan s'appellent *kazankas.* Les meilleurs de tous sont les obvinkas, plus hauts de taille. La taille des kazankas est au contraire plus petite : de $1^m,25$ à $1^m,35$.

Outre les provinces nommées plus haut, on vend les viatkas aux foires des provinces voisines de Simbirsk, de Samara et de Penza.

Les chevaux de Mézen.

Le prince Galitzine, exilé en 1711 à Pinéga, ville de la province d'Arkhangel, y transféra des environs de Moscou son haras de chevaux. Les paysans qui habitaient le long des rivières Pinéga et Mézen profitèrent des étalons de ce haras; et c'est ainsi qu'il s'est formé ici une race améliorée de chevaux indigènes, connue sous le nom de *race de Mézen.* Il y a cependant des hippologues qui croient que cette race a été produite principalement par les étalons danois, envoyés dans la province d'Arkhangel, en 1768, par ordre de l'impératrice Catherine II.

Les chevaux de Mézen étaient de taille moyenne (environ $1^m,50$), se distinguaient par leur robuste constitution et leurs bonnes allures; par leur extérieur, ils rappelaient les che-

vaux finois ou ceux de Viatka. Mais les chevaux de cette
race, abandonnés à eux-mêmes, ont été si souvent mélangés
avec les chevaux ordinaires des paysans, qu'ils sont devenus
peu à peu plus petits de taille et se sont abâtardis à tel point
qu'ils ont perdu tous les traits caractéristiques de la race. A
Saint-Pétersbourg, surtout pendant l'hiver, il arrive beaucoup
de chevaux de la province d'Arkhangel, mais il est presque
impossible de trouver parmi eux des chevaux typiques de
l'ancienne race.

Les kleppers esthoniens.

On les élève en Esthonie et dans la partie esthonienne de
la Livonie, sur les îles de Dago et d'Œsel. L'origine de cette
excellente race de chevaux n'est pas bien connue, mais on
suppose qu'elle a été formée par le croisement des chevaux
indigènes avec les chevaux orientaux, principalement avec
les étalons arabes, qui ont été amenés en Allemagne pendant
les croisades par les chevaliers allemands, et de là se sont
répandus dans les provinces baltiques (l'ex-Livonie).

Et réellement les indices de l'influence du sang oriental
existent jusqu'à présent dans la forme gracieuse de la tête,
et dans les membres secs du klepper. La tête est ordinairement jolie, petite et sèche, avec un large front et des yeux
vifs; l'encolure est épaisse, attachée assez bas et séparée
par une dépression du garrot, qui est suffisamment long et
élevé; la poitrine est large, le dos court, presque droit; le
rein solide, la croupe large, légèrement avalée, avec une
queue épaisse, attachée ni trop haut, ni trop bas; les membres secs avec les muscles et les tendons distinctement marqués; les pâturons courts, les sabots solides. La peau est

fine, les poils sont assez longs et touffus en hiver, courts et lisses en été. Les couleurs de la robe sont assez variées, mais le plus souvent claires : isabelle, alezan, bai, etc…

D'après la taille on distingue les *kleppers* et les *doppel-*

Fig. 27. — *Klepper esthonien.*
D'après la photographie faite spécialement pour l'ouvrage.

kleppers (c'est-à-dire les kleppers simples et les kleppers doubles). Ces derniers sont plus hauts que les premiers ; leur taille est d'environ 1^m,50 et même plus ; celle des premiers est ordinairement de 1^m,33 à 1^m,38 et n'excède pas 1^m,42. Les très petits kleppers sont connus en Russie sous le nom de poneys esthoniens. Les kleppers se distinguent par leur bon naturel, leur intelligence, leur aptitude à supporter tous

les climats et par leur grande résistance. Ils ont de très bonnes allures; plusieurs sont de vrais trotteurs. Pendant les
dernières années le nombre de vrais kleppers a considérablement diminué, d'une part, par suite de la grande exportation, et d'autre part à cause de l'appauvrissement des paysans
des provinces baltiques et des croisements avec les races in-
férieures du voisinage. A présent on trouve les meilleurs
kleppers sur l'île d'Œsel et dans le haras de Targuel, près de
la ville de Pernau. On vend les kleppers aux foires de Mi-
tava, de Riga, de Darpat et autres villes des provinces baltiques. (Voir la figure 27 et la planche XVIII.)

Les chevaux finois.

L'origine des chevaux de cette race, appelés chez nous
finkas ou *chvedkas*, est encore moins connue que celle des
kleppers esthoniens. Bien des connaisseurs et même la plupart d'entre eux croient que les chevaux finois ne représentent qu'une variété des kleppers esthoniens; d'autres pensent,
au contraire, qu'il n'y a rien de commun entre les kleppers
esthoniens et les chevaux finois, et que ces derniers descendent des chevaux amenés en Finlande de la Suède. Selon
nous, la ressemblance entre le cheval finois et le klepper
esthonien est au moins aussi grande que celle qui existe entre le klepper et le cheval de Viatka, dont la consanguinité
est hors de doute. Pour s'en assurer, il suffit de comparer
les figures 27 et 28 et les planches XVII, XVIII et XIX. Nous
croyons donc que la parenté des chevaux finois avec les
kleppers est très probable, ce qui n'exclut pas cependant la
possibilité de l'origine suédoise de leurs ancêtres. Aussi bien

que les kleppers et les viatkas, les chevaux finois ne sont pas grands de taille : de 1ᵐ,42 à 1ᵐ,53. Ils sont d'une constitution robuste et très musculeux ; leur tête est assez grande et légèrement busquée ; leur encolure courte, épaisse, plantée assez bas et très disposée à engraisser ; la poitrine pro-

Fig. 28. — *Cheval finois.*
D'après la photographie faite par le Docteur L. Simonoff.

fonde, mais moins vaste que celle des kleppers ; le dos est aussi droit, la croupe large et moins avalée ; le toupet et la crinière aussi bien garnis et longs. Les membres vigoureux, mais parfois un peu trop longs ; ceux de devant quelquefois ne sont pas assez écartés l'un de l'autre (en d'autres termes l'aplomb de devant est un peu trop serré). Les sabots de moyenne grandeur et très solides ; les fanons ordinairement

longs et touffus. Les poils assez grossiers et longs, surtout
en hiver. La robe est le plus souvent alezan, bai-clair, ou
isabelle avec une raie de mulet le long du dos. Leurs allures
sont sûres ; le trot est souvent rapide, mais ordinairement
court (pas large).

De tous les chevaux finois, les plus estimés sont ceux
de Karélie, surtout pour leur taille qui dépasse souvent
1^m,55 ; sont très bons aussi les chevaux de Kuopio et de
Tavastgouse. (Voir la figure 28 et la planche XIX.)

Beaucoup de chevaux finois sont amenés annuellement
dans la province de Saint-Pétersbourg et surtout à Saint-
Pétersbourg même ; on les rencontre aussi souvent dans la
province de Pskow, par exemple à la foire de Petchori.
En Finlande les foires les plus connues sont celles de Vi-
borg, de Kuopio et de Saint-Michel.

Les chevaux jmouds.

Cette race, originale et utile, existait jadis dans toutes les provinces du nord-ouest de la Russie, où elle s'est
formée, selon la tradition, du croisement des chevaux
indigènes avec les kleppers esthoniens. Mais il y a déjà
longtemps que cette race a commencé à disparaître petit à
petit, et maintenant elle n'existe que dans les districts de
Rossieni, de Kovno, de Chavli et de Telchi de la province
de Kovno. Les chevaux jmouds ont en général bonne mine.
Leur corps trapu et robuste repose sur des membres relativement courts et gros, mais secs et nerveux, avec des
sabots bien formés et solides. La tête est petite, à profil antérieur droit, avec des joues charnues, les yeux à fleur
de tête et les oreilles courtes et extrêmement mobiles. L'en-

colure est épaisse mais plantée assez haut, surtout chez
les étalons. La poitrine large, les côtes suffisamment arron-
dies, le dos droit, la croupe bien modelée; la queue bien
garnie et attachée assez haut, la crinière et le toupet épais
et longs. Les poils sont plus longs en hiver qu'en été. Les
robes variées : alezan, bai, bai-brun, souris, etc... La taille
de 1^m,33 à 1^m,51. Ces chevaux sont vigoureux, d'une grande
endurance, et d'un caractère doux et docile.

C'est seulement depuis ces derniers temps qu'on commence à apprécier les bonnes qualités du cheval jmoud.
Les essais qu'ont faits récemment les princes Oguinskis pour
améliorer cette race par le choix soigneux des reproducteurs ont été très heureux et ont donné de bons résultats
en relativement peu de temps. On a obtenu des chevaux plus
vigoureux, plus beaux d'aspect et propres non seulement
pour les besoins de la campagne, mais aussi pour l'attelage de ville. (Voir planche XX.)

On vend les chevaux jmouds aux foires et aux marchés
des districts de la province de Kovno, que nous avons
nommés plus haut; parmi les foires les plus riches en chevaux sont celles de Yanichki (district de Chavli), de Rossieni (ville), de Chkoudi, Pikeli et de Chileli (tous les trois
dans le district de Rossieni).

Les chevaux de paysans.

La plupart des chevaux appartenant aux six races rustiques que nous venons de décrire font aussi partie des
chevaux de paysans, car ils sont élevés et employés principalement par ces derniers. Mais ces chevaux ont des traits
caractéristiques qui les distinguent entre eux et des autres chevaux, et qui ont permis de les grouper en races

Fig. 29. — *Cheval de paysan de la province de Novgorod.*

D'après photographie.

plus ou moins typiques. Quant aux chevaux que nous comprenons sous le nom collectif de *chevaux de paysans*, c'est un mélange des plus varié de chevaux qui n'ont de commun entre eux que le fait de leur élevage par les paysans et d'être la propriété de ces derniers.

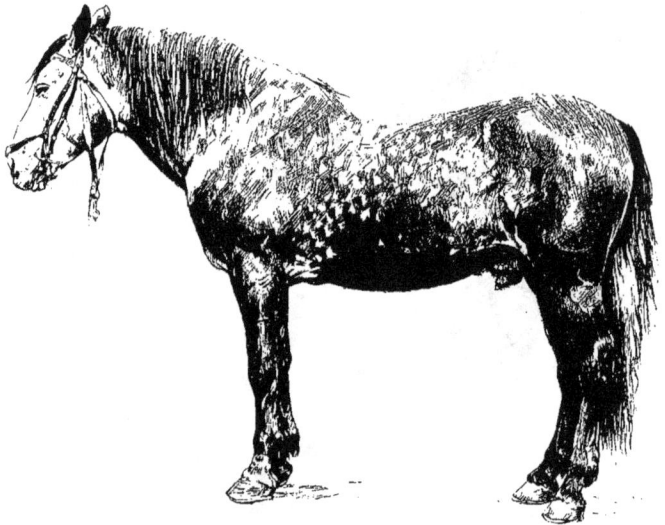

Fig. 30. — Un *tomovik*, cheval de paysan amélioré du centre de la Russie.
D'après la photographie faite par le Docteur L. Simonoff.

Parmi les 19 millions de chevaux rustiques, il n'y a pas plus de un million, probablement moins, de chevaux appartenant aux six races mentionnées plus haut. Le reste, c'est-à-dire près de 18 millions de chevaux de la Russie d'Europe, appartiennent à ce mélange incohérent que nous avons appelé les chevaux de paysans. Cependant, outre le fait de leur élevage par les paysans, la plupart de ces che-

vaux ont encore un lien commun dans leur origine plus ou
moins récente des chevaux de steppes. Cette transformation des chevaux de steppes en chevaux rustiques se produit en Russie continuellement depuis des temps immé-

Fig. 31. — *Cheval de paysan* de la province de Tambow.

moriaux, s'alimentant toujours de l'Orient, c'est-à-dire du
côté de la Sibérie. Dans les époques ordinaires cela se
fait peu à peu, mais après les épizooties ou les grandes di-
settes qui déciment les animaux domestiques par milliers,
les chevaux de steppes arrivent dans les campagnes russes
par grandes quantités à la fois, pour devenir aussitôt, sans

transition, des bêtes de trait et de charrue. Ainsi après la
dernière famine de 1891, le gouvernement russe a été
obligé d'acheter pour les paysans plusieurs dizaines de mille
de chevaux kirghizes.

Les chevaux de paysans ont donc beaucoup de traits

Fig. 32. — *Cheval de paysan* de la province de Poltava.
D'après la photographie faite spécialement pour l'ouvrage.

communs avec les chevaux de steppes. Ainsi que ces derniers, ils sont petits de taille et remarquables par leur résistance au climat, à la faim et à la fatigue. Leur genre
de vie ne diffère pas non plus beaucoup de celui de leurs
congénères de steppes. Tant qu'il existe encore quelques
restes d'herbe dans les pâturages, la plupart d'entre eux se
nourrissent exclusivement d'herbe fraîche. Mais comme les
paysans ont beaucoup moins de pâturages, et que la qua-

lité de ces pâturages est bien inférieure à ceux des peuples nomades, la nourriture de leurs chevaux en été est
beaucoup moins abondante et moins bonne que celle des
chevaux de steppes. Il est vrai que les chevaux de pay-

Fig. 33. — *Cheval de paysan* de Volhynie.
D'après la photographie faite par le Docteur L. Simonoff.

sans ne sont pas obligés de chercher l'herbe sous la neige
pendant l'hiver; mais aussi leur nourriture hivernale ne consiste souvent qu'en paille, quelquefois déjà pourrie. En général, les chevaux de paysans sont habitués dès l'enfance à

supporter la faim, le froid et toutes sortes de misères. Quand
le paysan devient plus riche, ses chevaux s'embellissent en
même temps; ils engraissent, se développent en largeur et
en hauteur sous la seule influence d'une meilleure nourriture
et d'un peu plus de soins. Et si, de plus, le paysan pro-

Fig. 34. — *Cheval de paysan* de la Pologne russe.
D'après photographie.

fite, pour la reproduction, des étalons de plus grande taille,
pris dans les écuries de monte ou dans les haras privés ou
de la couronne, il produit des chevaux améliorés connus
sous le nom des *lomoviks*.

La figure 29 représente un des chevaux ordinaires de
paysans de la province de Novgorod; la figure 30, un
cheval de paysan amélioré, un *lomovik;* la figure 31,
un cheval de paysan amélioré, de la province de Tambow;

la figure 32, un cheval de paysan petit russien, de la province de Poltava; la figure 33, un cheval de la province
de Volhynie; la figure 34, un cheval de paysan polonais.

Malgré cette différence dans leurs formes, et peut-être
précisément grâce à cette variété, les chevaux de paysans
offrent un élément important, dont, sous l'influence de
la nourriture, des soins et d'une sélection intelligente, on
peut obtenir des chevaux pour les usages les plus différents.
Les bitugues et tous les chevaux de races rustiques précé-
demment décrites sont d'une origine semblable; ils sont
issus tous du croisement des chevaux ordinaires de paysans
avec des chevaux de races améliorées. Les chevaux de
paysans ne sont point à dédaigner, ne serait ce qu'à cause
de leur nombre. L'administration des haras de l'État attache
une attention particulière à l'amélioration des chevaux de
paysans au moyen des étalons des écuries de monte, qui
sont fondées maintenant partout dans la Russie d'Europe
(voir pages 93-94.

CHAPITRE VI.

LES CHEVAUX DE HARAS.

Notions historiques.

La Russie, riche en prairies, a toujours présenté de grands avantages pour l'élevage des chevaux. Nos ancêtres, depuis un temps immémorial, même à l'époque où on les appelait encore Scythes, s'occupaient de l'élevage des chevaux. Mais l'élevage d'alors était sans doute tout à fait primitif, semblable à celui qui existe maintenant chez les Kirghizes nomades de Sibérie. Quand les Slaves passèrent de l'existence nomade à la vie sédentaire et surtout après l'arrivée en Russie des Variagues, la manière d'élever les chevaux a dû subir des changements conformes au nouveau genre de vie ; elle est devenue pareille à celle qu'on applique maintenant aux chevaux classés par nous dans la troisième catégorie, c'est-à-dire dans la catégorie des chevaux dont l'élevage fait la transition à l'élève régulière de haras (voir page 55). Mais on ne voit les premiers indices d'un élevage régulier de haras qu'après la fondation du royaume de Moscou. Le premier haras en Russie, cité dans l'histoire, est celui de Khorochew, fondé aux environs de Moscou, à la fin du quinzième siècle, sous le règne de Jean III.

Ce haras appartenait à la couronne, mais il est fort probable que plusieurs haras particuliers ont été fondés à la même
époque dans les domaines de boyards et de couvents. Sous
les successeurs de Jean III, l'élevage régulier des chevaux fit
de rapides progrès ; au temps de Jean le Terrible et de son
fils Théodore, il existait déjà, sous le nom de *Koniouchénnii
slobodi*, des villages affectés spécialement à l'élève des chevaux. Pendant le règne d'Alexis Mikhaïlovitch, qui était
grand amateur de chevaux, il y avait environ 50 mille chevaux rien que dans les écuries de la cour. Mais jusqu'à Pierre
le Grand, c'est-à-dire jusqu'au commencement du dix-huitième siècle, l'élevage des chevaux en Russie avait un but
très restreint : celui de fournir des chevaux pour la cour et
en partie pour l'armée, principalement des chevaux de selle.
Les haras se montaient ordinairement de chevaux achetés
ou enlevés aux Tartares, par conséquent de chevaux exclusivement de sang oriental. Pendant toute cette époque, on ne
peut citer que deux cas d'acquisition pour les haras, de chevaux de l'Europe Occidentale : un étalon, offert à Jean III
par le régent de Suède, Sten-Stour, et six étalons envoyés
par l'empereur d'Autriche sous le règne de Fédor Ivano-
vitch ; mais ces six derniers étalons étaient aussi de sang
oriental.

Il est vrai que déjà le père de Pierre le Grand, le tzar
Alexis Mikhaïlovitch, commença à se préoccuper de l'amélioration des chevaux de paysans, en envoyant des kleppers esthoniens dans les provinces de Viatka et de Perm (voir page 73).
Mais c'est seulement après l'avènement au trône de Pierre le
Grand, que l'élevage des chevaux en Russie a pris un caractère important dans le sens de l'amélioration des chevaux
russes en général. Il continua d'abord l'œuvre commencée
par son père, c'est-à-dire l'envoi des kleppers esthoniens

dans les trois provinces nord-est nommées plus haut, et c'est
sous son règne que la race de Viatka se forma définitivement. Ensuite, il acheta en Hollande des étalons hollandais
de grande taille, et les fit transférer sur les bords de la ri-
vière Bitugue, dans la province de Voronège. Le croisement
de ces étalons avec les juments indigènes donna naissance
à notre meilleure race de chevaux de gros trait, la race
bitugue (voir page 70). En outre, Pierre le Grand fonda
quatre haras de la couronne : dans les provinces de Kazan,
d'Azow et de Kiew, et dans la ville d'Astrakan ; dans ce
dernier, on croisa des étalons persans avec des juments circassiennes. Mais le principal mérite de Pierre le Grand ne
consiste pas tant dans les résultats qu'il est parvenu à
obtenir lui-même, que dans la direction qu'il a su donner à
notre élevage des chevaux, direction adoptée par ses successeurs.

Après Pierre le Grand, ce fut l'impératrice Anna Ivanovna qui fit le plus pour l'élevage de nos chevaux pendant le dernier siècle. En 1739, elle fonda dix haras de la
couronne : à Bronnitzy, à Khorochew, à Gavrilovo, à Da-
nilovo, à Sidorovo, à Vsegodnitchy, à Skopine, à Pavchine,
à Bogoroditsk et à Cheksovo. Au 1er janvier 1740, il y avait
dans tous ces haras 4.414 chevaux, dont 3,000 appartenaient en partie aux races indigènes et en partie aux races
caucasiennes ; le reste se répartissait ainsi : 668 chevaux allemands, 535 chevaux napolitains, 70 chevaux anglais, 46
chevaux persans, 45 chevaux holsteinois, 44 chevaux espagnols, 38 chevaux frisons, 21 chevaux turcs, 18 chevaux
danois, 11 chevaux arabes, 5 chevaux barbes et 3 chevaux
lombards. D'après ce tableau, on voit que pendant le règne
d'Anna Ivanovna, les haras russes ont reçu autant de chevaux de races occidentales, comme jamais jusqu'alors on n'en

avait introduit en Russie. On avait surtout pour but d'é-
lever la taille des chevaux russes par le croisement avec les
reproducteurs étrangers de grande taille. Anna Ivanovna
fonda aussi des haras en Esthonie, en Livonie, sur l'île d'Œ-
sel et les haras de régiments de cavalerie.

Sous le règne de Catherine II les haras de l'Esthonie, de
la Livonie et de l'île d'Œsel furent supprimés, mais l'élevage
des chevaux en général fut très encouragé. Pour l'entretien
des haras de la couronne, il fut octroyé la somme de un million
de roubles; mais c'est surtout l'élevage privé des chevaux qui
fut favorisé, si bien que, vers la fin du dix-huitième siècle
(Catherine II mourut en 1796), le nombre de haras privés
avait atteint le chiffre de 250; parmi eux le plus remarquable était certainement le célèbre haras du comte Orlow-
Tchesmenski, haras qui fait époque dans l'élevage des chevaux en Russie. (Voir page 92 *le haras de Khrenovoyé*.)

Les guerres avec Napoléon causèrent de grands ravages
dans les haras russes; car un nombre considérable de chevaux de haras, et entre autres beaucoup de reproducteurs
de haut prix, ont été pris pour la remonte des régiments de
cavalerie et perdus pour l'élevage. En 1819, l'empereur
Alexandre Ier divisa les haras de la couronne en haras de
la cour et haras militaires. Aux haras de la cour appartenaient ceux : d'Oranienbaum, de Khorochew, de Bronnitzy, de Gavrilovo et d'Alexandrovo; aux haras militaires,
ceux : de Skopine, de Potchinky, de Derkoul, de Strélétsk,
de Limarevo et d'Alexéevo (appelé plus tard haras de Novoalexandrovo). Les haras militaires fournissaient à des prix
fixes des chevaux aux régiments de cavalerie.

L'empereur Nicolas Ier convertit tous ces haras en haras de l'État et supprima tout à fait celui de Skopine.
Sous le règne d'Alexandre II, le haras de Potchinky fut sup-

primé et le haras de Yanovo (en Pologne) réuni à ceux
de l'État ; le haras de chevaux bachkirs, fondé sous le même
règne dans la province d'Orenbourg, fut plus tard transformé
en écurie de monte.

Les haras actuels.

Maintenant il y a six haras de l'État : à Khrenovoyé, à Novoalexandrovo, à Strélétsk, à Limarevo, à Derkoul et à Yanovo.

Le haras de Khrenovoyé se trouve dans le village du
même nom, situé dans le district de Bobrow, de la province
de Varonège. C'est précisément le célèbre haras fondé par
le comte Orlow-Tchesmenski et acheté à ses successeurs par
le gouvernement. Le haras a été d'abord aux environs de
Moscou, dans le village Ostrow, et c'est là que furent amenés les chevaux arabes acquis par le comte en Orient, et
parmi eux les deux célèbres étalons : *Smetanka* et *Saltan*
(voir pages 96 et 105), qui sont devenus la souche des trotteurs et des chevaux de selle de la race d'Orlow. En 1778, le
haras fut transféré, par le comte, du village Ostrow à Khrenovoyé, et en 1845 le gouvernement russe l'acheta à l'héritière
du comte, sa fille, pour 8 millions de roubles. En même
temps le gouvernement acquit le haras des chevaux de selle
du comte Rostoptchine, et en transféra les chevaux au haras
de Khrenovoyé.

Il y a actuellement dans le haras de Khrenovoyé trois sections : les trotteurs, les bitugues et les chevaux de gros trait
de races étrangères.

Le haras de Novoalexandrovo, dans le district de Starobelsk, de la province de Kharkow, produit des chevaux de
selle demi-sang.

Le haras de Strélétsk, aussi dans le district de Starobelsk de la province de Kharkow, produit des pur sang arabes et les autres races orientales, ainsi que des chevaux de selle demi-sang.

Le haras de Limarevo, dans le même district et la même province, produit des chevaux de selle demi-sang.

Le haras de Derkoul, dans la même localité, produit des pur sang anglais et des chevaux de steppes améliorés par le croisement avec les pur sang.

Le haras de Yanovo, dans le district de Constantinow, de la province de Sedletz (royaume de Pologne), produit des chevaux de selle demi-sang.

En 1892 il y avait dans ces six haras, 920 juments réparties ainsi : *280* dans le haras de Khrenovoyé, *584* dans ceux de Novoalexandrovo, de Strélétsk, de Limarevo et de Derkoul, et *56* dans celui de Yanovo.

Outre les haras de l'État, il y a un haras de l'armée du Don (pour les chevaux de selle provenant du croisement des chevaux du Don avec ceux des races orientales) et un grand nombre de haras privés. En 1882, le nombre de ces derniers s'élevait à 3.964; ils possédaient 101.837 juments et 11.078 étalons. Le plus grand nombre de haras privés se trouve dans la région du Don, où, en 1882, il y en avait 866, avec 40.654 juments et 3.148 étalons. Après le territoire du Don en 1882 se distinguaient par le nombre des haras les provinces suivantes : de Kherson, 6.965 juments; de Tambow, 5.581; de Voronège, 5.225; de Tauride, 4.032; de Poltava, 3.493; de Catherinoslaw, 3.345; de Koursk, 2.784; de Podolie, 2.604; de Toula, 2.398; et de Samara, 2.232 juments.

Les haras sont destinés à la reproduction de telles ou telles races de chevaux. Pour l'amélioration des chevaux

russes en général, la Direction générale des haras a créé
dans différents endroits de la Russie des *écuries de monte*
ou des *dépôts d'étalons ;* chacun peut en profiter, en payant
pour la saillie la somme modique de 1 à 10 roubles, selon la
qualité de l'étalon. En 1892 il y avait 27 écuries ou dépôts
avec 2.300 étalons; à Vilna, Yanovo, Kamenetz-Podolsk,
Kiew, Élisavethgrad, à Steindorff (dans le district de Slavia-
noserbsk, de la province de Catherinoslaw), à Poltava, Kharkow, Khrenovoyé, Tambow, Saratow, Potchinky, Yaroslaw,
Moscou, Smolensk, Tver, Riasan, Koursk, Oufa, Viatka, Gavrilovo (dans le district de Souzdal de la province de Wladimir), dans le district de Salsk du territoire du Don, à Istaï-
Outkoul (district d'Iletsk du territoire de Turgaï), à Kousta-
nay (district de Nicolaew du même territoire), à Orenbourg,
Maïkop et Élisavetpol (les deux dernières sont au Caucase).
Le Directeur en chef des haras de l'État, le comte Vorontzow-Dachkow, comprenant l'importance des écuries de
monte pour l'amélioration des chevaux en Russie, a fait
beaucoup pour en augmenter le nombre, et les pourvoir
d'étalons utiles. Les résultats se font déjà sentir par
l'amélioration visible des chevaux dans les localités pourvues
des écuries de monte.

Les races chevalines élevées dans les haras russes.

Comme nous l'avons vu, dans les haras de l'État, on élève :
les trotteurs (haras de Khrenovoyé), les chevaux de selle de
demi-sang (haras de Novoalexandrovo, de Limarevo, de
Yanovo et de Strélétsk), les pur sang anglais (haras de Derkoul), les pur sang arabes (haras de Strélétsk), et enfin les
chevaux de gros trait (haras de Khrenovoyé).

Dans les haras privés on élève toutes les races russes et étrangères plus ou moins connues, mais surtout les trotteurs, parce qu'ils sont les chevaux de prédilection en Russie, se vendent bien et donnent souvent l'occasion de gagner des prix aux courses. Les trotteurs font plus de 40 % de toute la production chevaline des haras privés. Au contraire, le nombre de chevaux de selle élevés par les haras privés est relativement petit, vu que la vente des chevaux de selle est difficile par suite de la faible demande sur le marché. La production des chevaux de gros trait a été toujours négligée par les propriétaires des haras, et il n'y a pas longtemps qu'ils ont commencé à y faire quelque attention. Il n'est donc pas étonnant que le nombre de ces chevaux produits par les haras soit bien loin d'être considérable et ne corresponde pas du tout aux besoins du marché. Comme excuse on pourrait alléguer que jusqu'à présent on n'est pas encore suffisamment éclairé sur le type de cheval de gros trait qui convient le mieux à la Russie.

Tous ces clydesdales, suffolks, percherons, etc... font bonne figure aux concours hippiques, mais se vendent peu, car ils coûtent cher, mangent beaucoup et surtout ne répondent pas assez au genre de travail qu'ils doivent exécuter. Les propriétaires de nos haras se sont trop laissés entraîner par l'apparence imposante de certaines races étrangères et ont pour cela oublié la race réellement utile pour la Russie, la race qui a fait ses preuves, la race russe des bitugues (voir page 70). Heureusement que la Direction générale des haras de l'État n'est pas tombée dans la même erreur, et récemment encore, par l'ordre du comte Vorontzow-Dachkow, elle a pris des mesures qui font espérer que la race bitugue ne sera pas perdue.

Les trotteurs et les chevaux de trait de haras en général

se vendent principalement aux foires des villages Bekovo et Balanda de la province de Saratow, à Nijnidevitzk, Bobrow et au village Orekhovo de la province de Voronège; à Tambow, à Efrémow de la province de Toula; à Eletz et Livni de la province d'Orel; au village Mikhaïlovo de la province de Koursk, à Riasan et au village Iakimetz de la province de Riasan.

Les chevaux achetés là sont revendus par les maquignons aux autres foires de la Russie, dans les capitales, et en partie sont exportés à l'étranger : à Berlin, à Dantzig, à Vienne et en Roumanie.

Les chevaux de selle de haras servent à la remonte de la cavalerie et se vendent surtout aux foires de Poltava; de Voznessenk et d'Elisavetgrad de la province de Kherson; de Berditchew et de Beloï-Tzerkow de la province de Kiew; de Balta et Iarmolintzi en Podolie; de Koultchini en Volhynie, de Beltzi en Bessarabie. Une partie des chevaux de selle est exportée en Roumanie et en Autriche.

Les trotteurs.

Notre trotteur est une production essentiellement russe, qui doit son origine au génie du comte Orlow-Tchesmenski. Parmi les chevaux que le comte fit venir de l'Orient pour son haras se distinguait par ses qualités supérieures et sa robe blanche argentée un étalon arabe, dont la taille était de 1^m,53 et que l'on nommait *Smetanka*. Il ne resta au haras que pendant une année, mais il laissa après lui une postérité composée de quatre étalons et une jument. Les étalons étaient : *Falkersam, Lioubimetz, Bovka* et *Polkan*; les trois premiers provenaient de poulinières anglaises et

Pl. XIV   Collection du Dr L. Simonoff

Librairie J. B. Baillière de la Rue en Basque.

BOUKHARETZ (6 ans, taille 1^m60)
Cheval (hongre) de Boukhara.
Appartient à S. A. I. le Grand Duc Wladimir de Russie.

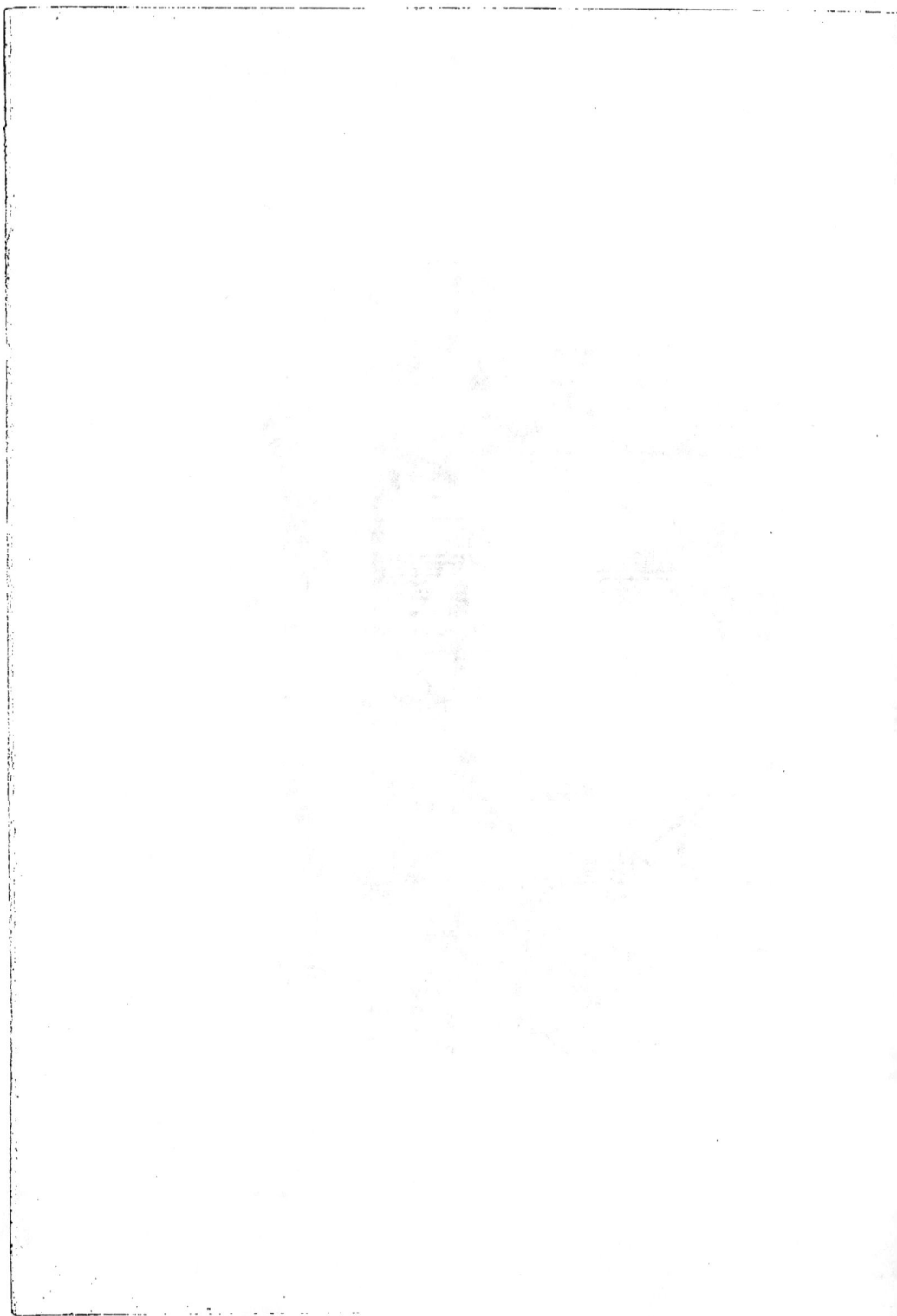

le dernier (Polkan) d'une jument danoise à la robe isabelle. Lioubimetz ne laissa aucune postérité ; Bovka fut vendu en Angleterre ; Falkersam produisit cinquante-neuf juments et sept étalons, et Polkan vingt et une juments et sept étalons. Les descendants de Falkersam étaient beaux et robustes, mais aucun d'eux ne réunissait les qualités désirées par le comte. Au contraire, un des sept fils de Polkan répondait à toutes les exigences du comte ; c'était *Bars I*, étalon gris-pommelé, né d'une jument hollandaise ; en lui se sont, pour ainsi dire, harmonieusement fondues les qualités proéminentes des trois races : les formes sèches, nobles et belles, le tempérament fougueux et énergique de la race arabe, la vigueur, la taille, la longueur et la largeur du squelette de la race danoise et l'élasticité dans les jointures de la race hollandaise.

Ce Bars 1 est la souche de la race des trotteurs russes Il resta au haras pendant dix-sept ans et laissa après lui onze étalons dont quelques-uns naquirent de juments anglaises et quatre n'eurent pas de descendance. Plus tard le croisement avec le sang anglais se répéta bien des fois non seulement dans la ligne maternelle, mais aussi dans la ligne mâle ; de temps en temps on renouvelait aussi le sang hollandais et oriental par le croisement avec les chevaux hollandais et orientaux. Cependant il est incontestable que tous les trotteurs de pure race descendent en droite ligne de Bars 1, et que le type créé par le comte Orlow est devenu si constant, qu'on le reconnaît facilement dans la plupart de nos trotteurs encore maintenant, c'est-à-dire plus de cent ans après la naissance de Bars I. On peut même dire que les meilleurs représentants de cette race l'ont entièrement conservé. Dans le haras de Khrenowoyé, appartenant à l'État, la race des trotteurs descend en droite ligne des trois

fils de Bars I, qui lui ressemblaient le plus : de Lioubezny I,
de Lebed I et de Dobry I.

Les traits caractéristiques de cette race sont : la taille
de 1^m,55 à 1^m,70 ; la belle tête arabe, quelquefois, cependant,

Fig. 35. — *Bistroléte*, étalon trotteur de la race orlowe; 20 ans, taille 1^m,56, noir.
D'après le dessin gravé de M. Svertchkoff.

un peu busquée vers le nez; les yeux expressifs; l'encolure bien arquée et bien attachée; les épaules suffisamment
inclinées et la poitrine large et volumineuse, le dos droit
et assez long, le rein robuste, la croupe bien arrondie et
ordinairement un peu avalée, avec une queue magnifique-
ment attachée; les membres vigoureux, munis de muscles
et de tendons bien dessinés; les avant-bras et les jambes

longs, les paturons relativement courts ; les pieds garnis
de fanons mous et souvent longs ; les sabots de moyenne grandeur, durs et solides. Mais ce sont surtout ses mouvements
qui sont remarquables. Ils sont libres et larges ; pendant la
course, les pieds de devant sont levés haut et si vigoureusement repliés qu'ils touchent presque le corps ; les pieds
de derrière dépassent d'autant plus les traces de ceux de
devant que le trot est plus rapide et les qualités du trotteur sont meilleures. Quelquefois les mouvements des membres sont si rapides qu'il est presque impossible de les distinguer à l'œil. Mais un bon trotteur se reconnaît non seulement par sa rapidité, mais aussi par la beauté, la pureté,
la correction et la régularité de ses mouvements. « Il doit, »
comme disent les amateurs, « pouvoir porter sur son dos
un verre plein d'eau sans en répandre une goutte. » Les
couleurs de robe les plus fréquentes sont : gris-pommelé
(le père et la mère de Bars I et lui-même étaient gris-pommelé) et noir, assez souvent bai et très rarement alezan.

La figure 35 reproduit un étalon noir, *Bistroléte*, du haras Khrenovoyé, provenant au quatrième degré de Dobry I,
fils de Bars I. Bistroléte est le grand-père du célèbre *Bé-
douin*, qui se distingua à l'exposition de Paris en 1867.

La figure 36 représente à l'abreuvoir une troupe de juments (trotteuses) avec leurs poulains, du haras du comte
I. I. Vorontzow-Dachkow, dans la province de Tambow.

La figure 37 montre un étalon bai, *Tabor*, né de Talisman
et de Lioubouchka, âgé de cinq ans, du haras de I. V. Kou-
blitski, et appartenant à M. Wachter. Il a remporté aux
courses plusieurs premiers prix.

La planche XXI représente *Bezimianka*, étalon gris-
pommelé du haras Khrenovoyé, né de Balagour et de Lida,
dix ans, taille 1ᵐ,60.

La planche XXII représente *Pravdine,* étalon gris pommelé du haras de Mme E. Toulinow, né de Pravdine I et Volchebnitza; 8 ans, 1^m,64. Sur la planche I le même étalon est représenté attelé à l'équipage de Sa Majesté l'Impératrice de Russie.

Planche XXIII, *Podaga,* étalon bai, reproducteur au haras du comte I. I. Vorontzow-Dachkow, né de Zadornoï et Obidnoya; 14 ans, 1^m,58.

Planche XXIV, *Aldia,* jument baie du haras du comte I. I. Vorontzow-Dachkow, née de Podaga (planche XXIII) et Dobriatchka; 3 ans, 1^m,56; a obtenu une médaille d'or en 1891 au concours hippique de Saint-Pétersbourg (hors concours).

Planche XXV, *Vor,* étalon noir du haras du comte I. I. Vorontzow-Dachkow, né de Podoga (planche XXIII) et Vorovka; 3 ans, 1^m,57.

Planche XXVI, *Sckeal,* étalon gris-pommelé du haras du comte I.I. Vorontzow-Dachkow, né de Vétérok et Loutchina; 5 ans, 1^m,60; a obtenu une médaille d'or au concours hippique de Saint-Pétersbourg en 1891 (hors concours) et a gagné plusieurs premiers prix aux courses.

La planche XXVII représente *Tcharodey,* étalon noir du haras de V. T. Molostvow, né de Gordoï-Molodoï et Tchousovoya; 3 ans, 1^m, 57; a remporté deux premiers prix aux courses.

Pour être considéré comme trotteur le cheval doit pouvoir parcourir une verste (1067^m) en moins de deux minutes. La vélocité moyenne d'un trotteur de premier ordre est 1 verste en 1^m,43 s. ou 1 kilomètre en 1^m, 36 secondes et demie.

A partir de 1865, tous les trotteurs de *pure race* et ceux de race non pure qui ont prouvé leur rapidité aux courses sont inscrits dans le Stud-Book. Les lettres Ч. П. (les

Fig. 36. — Une troupe de poulinières et de poulains à l'abreuvoir, du haras du comte I. Vorontzow-Dachkow, dans la province de Tambow.

D'après la photographie communiquée par M. le Comte Vorontzow-Dachkow.

initiales russes des mots *pure* et *race*) sont ajoutées aux noms des trotteurs de pure race pour les distinguer des autres.

Il est convenu de considérer comme pure race :

1° Les chevaux dans la généalogie desquels, par la ligne du mâle ainsi que de la femelle, il n'y a pas moins de quatre générations de race orlowe pure (descendants directs de Bars I);

2° Les chevaux dont le père et le grand-père ont couru avec succès et dont la mère et la grand'mère sont de race orlowe pure.

3° Les chevaux dont la mère et la grand'mère ont couru avec succès et dont le père et le grand-père sont de race orlowe pure.

Les qualités physiques et morales qui distinguent les trotteurs russes sont tout d'abord le résultat de la transmission héréditaire; mais le développement de ces qualités dépend beaucoup aussi de l'élevage et du dressage auxquels sont soumis ces chevaux. Sous ce rapport, il est très intéressant de faire connaissance avec le système qu'appliquait le créateur de nos trotteurs, le comte Orlow.

Il commençait à habituer ses chevaux aux harnais et au trot dès l'âge de deux ans, en faisant surtout une grande attention à la correction et à la beauté de leurs mouvements. Plus tard il tâchait de développer dans ces chevaux non seulement la plus grande rapidité possible, mais aussi la résistance à la fatigue. Dans ce but il les soumettait à deux genres d'exercices. Pour développer leur rapidité, il les faisait courir des petites distances de 200 sajènes (427 mètres). Après avoir parcouru cette distance au trot avec la plus grande rapidité possible pour lui, le cheval revenait au pas; puis il recommençait la course de la même manière

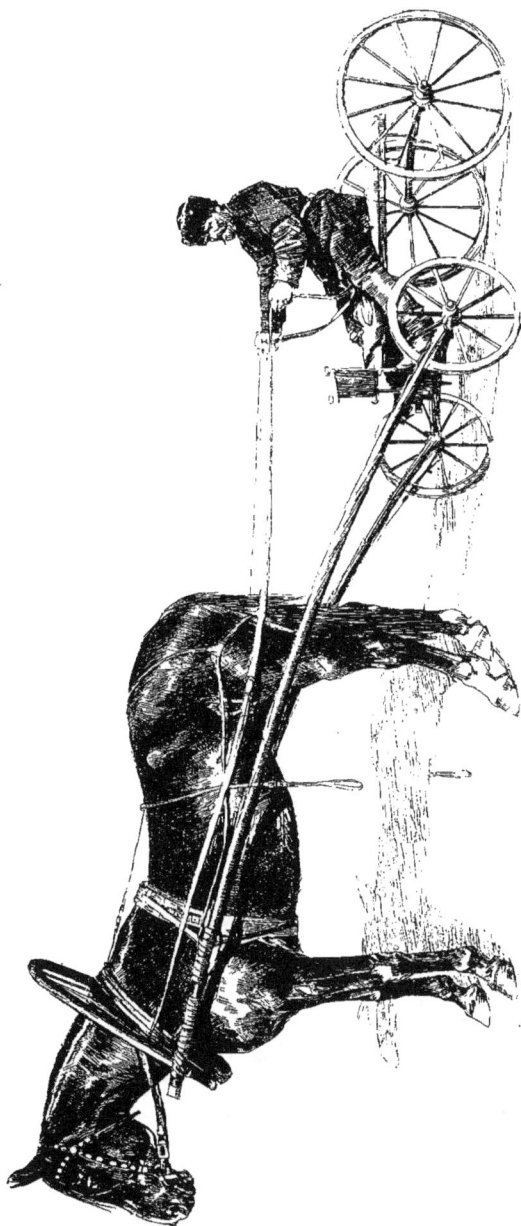

Fig. 37. — *Tabor*, étalon trotteur, appartenant à K. L. Wachter du haras de *Koublitsky* : 4 ans ; taille 1ᵐ,60, noir ; a remporté plusieurs prix aux courses.

D'après la photographie communiquée par M. K. L. Wachter.

et ainsi de suite jusqu'à quatre fois, en faisant en somme un exercice au trot de 800 sajènes (1,708^m); le temps de chaque course au trot était marqué très exactement en secondes d'après un chronomètre. Ces exercices se répétaient quotidiennement, l'été en droschki de courses, l'hiver en léger traîneau. (Voir la figure 37 et la planche XXV.)

Pour éprouver la résistance des chevaux à la fatigue et pour les y habituer, on les faisait de temps en temps courir des distances de 15 à 20 verstes (de 16 à 21 kilomètres), en alternant toujours le trot avec le pas.

Et c'est seulement parmi les chevaux qui avaient subi avec succès ces deux genres d'épreuves que l'on choisissait les reproducteurs.

Le système d'exercices à petites distances enseigné par le comte Orlow est conservé jusqu'à présent assez fidèlement; quant aux exercices à grandes distances, on les emploie maintenant beaucoup plus rarement; on peut même dire qu'on ne les emploie presque jamais, et c'est probablement à cause de cela que les trotteurs de nos jours sont loin d'être aussi résistants que ceux du temps d'Orlow.

A présent on élève et on prépare les trotteurs principalement pour gagner les prix aux courses; on exige d'eux moins la solidité que la légèreté des formes, moins l'endurance aux grandes distances que la rapidité aux petites distances. En un mot il arrive avec nos trotteurs ce qui est arrivé déjà avec les chevaux de courses anglais, préparés uniquement pour remporter les prix.

Ce changement du système de dressage et d'élevage n'a pas pu rester sans influence sur les formes de nos trotteurs modernes : l'extérieur de beaucoup d'entre eux n'est plus si beau et leur constitution est moins étoffée et moins harmonieuse; le corps s'est allongé et s'est aminci, les

PL.XV. Collection du Dr L. Simonoff

Librairie Agricole de la Maison Rustique.

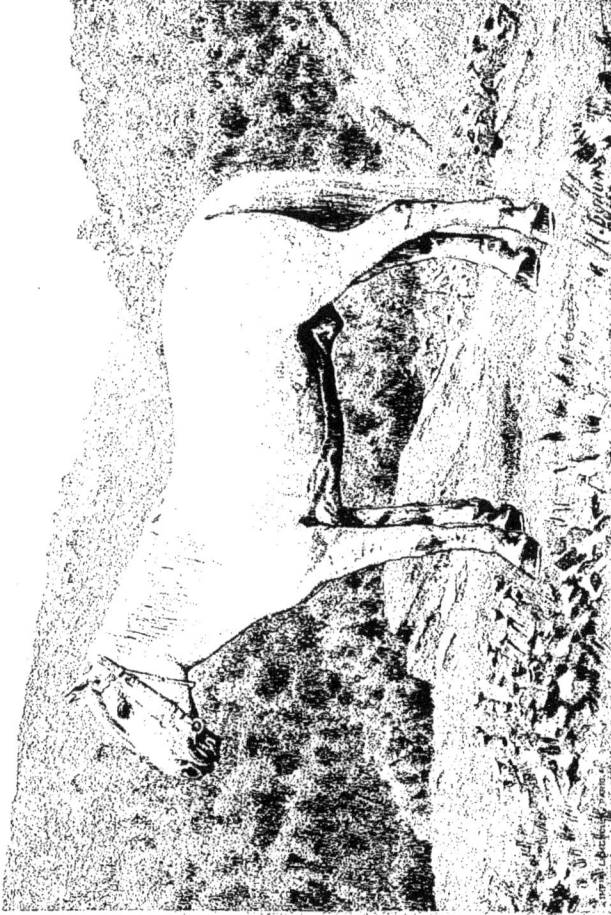

SERKO (14 ans, taille 1^m375)

Cheval hongre / de la race des chevaux elevés par les Cosaques de l'Amour / d'origine mandchoure.
Appartient à S. A. S. le Grand Duc Héritier de Russie. Offert par le sotnik Pechkoff.

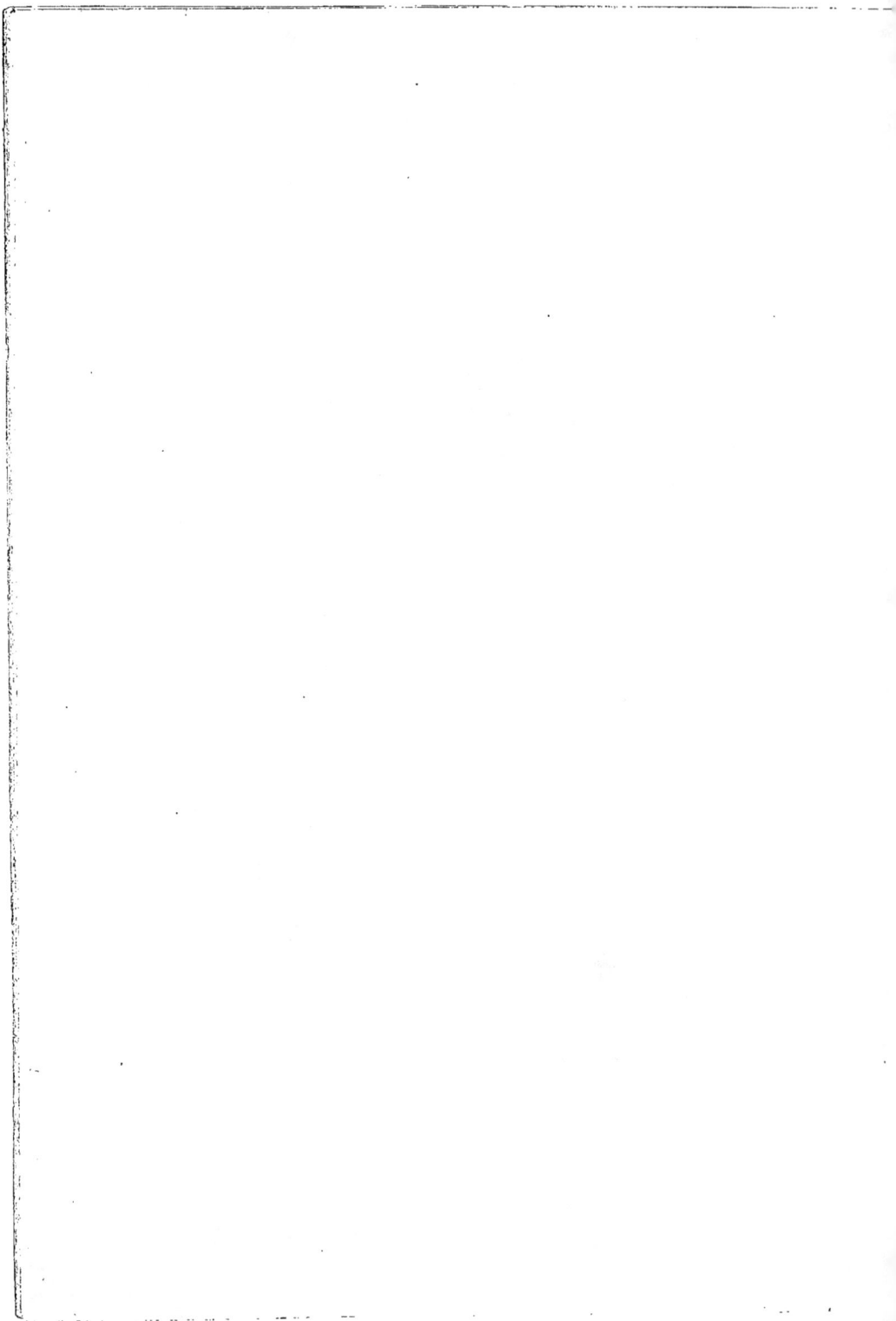

membres sont devenus trop longs, et en général il s'est
formé un ensemble qui rappelle souvent plutôt un cheval
de course qu'un trotteur de l'ancien type. Pour nous, c'est
principalement le résultat de l'abus du pur sang anglais
dans la reproduction. Il faut cependant espérer que chez
nous, comme en Angleterre, il se fera sous ce rapport une
réaction salutaire et que les propriétaires des haras revien-
dront tôt ou tard aux principes d'élevage indiqués par le
comte Orlow.

Les chevaux de selle de haras.

Le même comte Orlow-Tchesmenski fut le créateur d'une
très belle race de chevaux de selle, race qui a reçu aussi
son nom.

Parmi les chevaux que le comte fit venir de l'Orient se
distinguaient, comme nous l'avons déjà dit, deux étalons arabes : le blanc Smétanka et l'alezan Saltan I... Smétanka
est devenu la souche de la race de trotteurs; de *Saltan I*
est issue la race de chevaux de selle. De Saltan I et d'une
jument arabe naquit Saltan II, un étalon bai, père du célèbre Svirépoï II, sur le dos duquel le comte faisait ses
promenades à Moscou les jours de courses. De Svirépoï II
et d'une jument anglo-arabe naquit Achonok, dont le fils,
Yachma I à la robe baie dorée (né en 1816), a joué
dans la création de la race de selle le même rôle que
Bars I dans celle de la race de trotteurs ; il fut pendant bien
des années le principal reproducteur du haras de Khrenovoyé,
et laissa après lui une nombreuse génération de chevaux
ayant les qualités caractéristiques de chevaux de selle d'Orlow. Cette race a été formée principalement par le croi-

LE CHEVAL.   14

sement du sang arabe avec le sang anglais; mais, en outre, elle a eu aussi en elle, du sang des trotteurs d'Orlow (et par conséquent une certaine dose de sang danois et hollandais) et un peu de celui des chevaux indigènes de la Petite Russie.

Fig. 38. — *Achonok*, étalon de la race de selle orlowe.
D'après le dessin gravé de M. Svertchkoff.

Les chevaux de selle de la race orlowe étaient de taille moyenne (environ 1^m,60) et d'une très belle apparence. Selon l'opinion des connaisseurs, ils représentaient le type supérieur de chevaux de manège. Ils avaient la tête gracieuse du cheval arabe avec de petites oreilles et des yeux magnifiques; la poitrine assez spacieuse, le dos droit, le rein vigoureux, la croupe bien développée, avec une queue admirablement portée; les cuisses fortes; les membres fins, secs et musculeux; les paturons bons, les sabots durs et solides; les mouvements très gracieux et élégants, le caractère doux, mais plein de feu. Sur la figure 38 est représenté *Achonok*, le père de *Yachma I*.

Fig. 39. — *Fenella*, jument de la race de selle rostoptchine.
D'après le dessin gravé de M. Svertchkoff.

Un autre célèbre haras de chevaux de selle fut fondé par le comte Rostoptchine en 1802, c'est-à-dire peu de temps après la fondation du haras du comte Orlow-Tches-menski. D'abord le haras du comte Rostoptchine fut installé aussi aux environs de Moscou, dans le village Voronovo; un peu plus tard il fut transféré dans la province d'Orel et en

1815 dans le village d'Annenkovo, de la province de Voronège. La race des chevaux de selle de Rostoptchine provenait
de quatre étalons arabes : *Kadi, Dragoute, Kaïmak* et *Ri-
chane*, achetés en Arabie aux environs de la Mecque, et des
juments anglaises pur sang, choisies par des connaisseurs.

Fig. 40. — *Landiche*, étalon de selle, demi-sang, du haras de I. Ofrossimoff; 7 ans,
taille 1^m,58; alezan.

D'après la photographie faite au concours hippique, à Saint-Pétersbourg.

Plus tard on employa aussi, au haras, des étalons persans,
turcs et anglais (parmi ces derniers le célèbre *Piker*). Les
chevaux de *race rostoptchine* se faisaient aussi remarquer
par l'élégance de leurs formes et par leurs mouvements

distingués, mais ils étaient plus petits de taille que ceux de race orlowe; ils atteignaient rarement 1^m,56; la majorité ne surpassait pas 1^m,48 à 1^m,51. Sur la figure 39 est représenté un cheval de selle de la race rostoptchine.

Ainsi qu'il a été dit plus haut, le haras de Khrenovoyé du comte Orlow et celui du comte Rostoptchine furent achetés en 1845 par le gouvernement, et les chevaux du haras Rostoptchine ont été transférés dans le haras de Khrenovoyé. Dès lors la race rostoptchine fut croisée avec celle d'Orlow et, étant moins constante, se fondit, pour ainsi dire, en cette dernière.

Quand la section des chevaux de selle fut supprimée au haras de Khrenovoyé, tous les chevaux de cette catégorie furent transférés au haras de Limarevo (voir page 93). Mais on ne voulut plus maintenir la race pure d'Orlow; on avait en vue d'autres idéals, et à présent on ne trouve guère de chevaux typiques de cette race.

On voit donc que les anglo-arabes furent créés chez nous déjà depuis environ un siècle, et que la méthode si préconisée maintenant par les Français pour la formation des chevaux de selle à l'aide des croisements alternatifs avec les pur sang anglais et arabe ou des croisements simples avec les anglo-arabes n'est pas nouvelle chez nous, car nous la suivons avec assez de succès depuis le temps d'Orlow jusqu'à présent. *Achonok* et *Fenella*, reproduits sur les figures 38 et 39, sont des anglo-arabes.

Pour donner à nos chevaux de selle modernes plus d'étoffe et surtout plus de taille, nous ajoutons au sang anglo-arabe celui d'autres races plus volumineuses, par exemple assez souvent le sang de nos trotteurs.

Sur la planche XXVIII est représenté un des chevaux de selle demi-sang du type nouveau : *Magnat*, étalon alezan foncé du haras de l'État de *Strélétsk*. Ce cheval est le produit du croisement du pur sang anglais avec les races arabe et turcomane; il est moins beau que le cheval de selle orlow, mais il est plus haut de taille (1ᵐ,64) et répond mieux aux exigences modernes.

La figure 40 reproduit le portrait d'un cheval de selle demi-sang du haras privé de J. Th. Ofrossimoff.

Les chevaux arabes et anglais pur sang.

Les haras de l'État élèvent les chevaux arabes et anglais pur sang principalement pour leurs propres besoins, dans le but de la production des demi-sang ou, par eux, de l'amélioration d'autres races. Les pur sang arabes se trouvent dans le haras de Strélétsk et les pur sang anglais dans ceux de Derkoul et de Yanovo.

Sur la planche XXIX est représenté *Kouli-Khan,* étalon blanc de la race arabe, et sur la planche XXX, *Middleton,* étalon bai, pur sang anglais.

Dans le même but, c'est-à-dire principalement pour la production des demi-sang, on élève des pur sang anglais et arabes dans certains haras privés.

Sur la planche II est représentée une jument baie pur sang arabe, *Arabella,* du haras du comte I. A. Potocky.

Les chevaux de gros trait.

On peut dire que l'élevage des chevaux de gros trait n'est chez nous qu'à l'état d'essai et que la question qui en fait le point principal n'est pas encore résolue d'une façon définitive, car jusqu'à présent on est incertain sur le type qui serait le plus utile pour la Russie. Comme nous l'avons déjà dit, on a essayé d'élever les percherons, les suffolks et les clydesdales ; maintenant on s'occupe des ardennais belges. On a essayé aussi le croisement de ces races étrangères avec nos chevaux de gros trait, les bitugues et les lemoviks. Mais les résultats obtenus dans ces derniers cas n'ont pas été non plus très heureux, non pas sous le rapport de l'apparence des individus produits, mais sous le rapport de leur aptitude aux travaux qu'on exige d'eux en Russie. Ces métis reviennent presque aussi cher que leurs pères étrangers et sont encore trop lourds pour nos routes non pavées.

La seule conclusion logique que l'on puisse tirer jusqu'à présent de toutes ces expériences mal réussies est qu'il faut revenir au type bitugue qui a eu déjà le temps de prouver sa grande utilité pour nous (voir pages 70-73, et qu'il faut se hâter de le faire, car la race va se perdre. Nous avons déjà parlé plus haut des mesures prises dans ce but par le Directeur en chef des haras de l'État, le comte Vorontzow-Dachkow, et il faut espérer que les résultats ne se feront pas attendre.

Parmi les haras de l'État c'est au haras de Khrenovoyé qu'on élève maintenant les chevaux de gros trait. Il n'y a pas longtemps on élevait aussi les chevaux de ce type au haras de Derkoul.

Sur la planche XXXI est représenté un étalon alezan foncé, *Ladhorse*, de la race clydesdale, élevé au haras de Derkoul; sur la planche XXXII un percheron gris pommelé, *Page*, du même haras.

Mais en 1890 tous les chevaux de gros trait du haras de Derkoul ont été transférés au haras de Khrenovoyé.

Dans les haras privés, on s'est très peu occupé jusqu'à

présent de l'élevage de chevaux de gros trait et parmi ceux-ci
presque exclusivement des chevaux de races étrangères. L'é-
levage des bitugues reste toujours principalement entre les
mains des paysans de la province de Voronège et en partie
de celle de Tambow.

La figure 26 et la planche XVI représentent deux chevaux de la race bitugue.

Celui de la planche XVI est surtout typique, car dans le
cheval de la figure 26 il y a déjà, peut-être, une certaine
dose de sang étranger qui lui donne un aspect plus lourd
que ne devrait avoir un bitugue pur.

Pl. XVI. Collection du Dr. Lusignani

SILNY (13 ans, taille 1^m,63)
Étalon de race bélouge.

TROISIÈME PARTIE

LES CHEVAUX ANGLAIS

Avant d'aborder l'étude des races chevalines de la Grande-Bretagne et des autres pays qui composent l'Europe occidentale, nous croyons utile d'ajouter quelques observations générales à celles que nous avons déjà faites dans l'introduction, afin de constater encore une fois et d'une manière plus claire la différence qui existe dans l'élevage des chevaux entre la Russie et les pays de l'Europe occidentale.

Sous le nom d'Europe occidentale nous comprenons tous les pays de l'Europe à l'exception de la Russie. Le nombre des chevaux de ces pays pris ensemble ne dépasse pas 16 millions ou 16 millions et demi, c'est-à-dire qu'il atteint à peine les deux tiers des chevaux de la Russie d'Europe seule et un peu plus d'un tiers des chevaux de l'Empire Russe considéré dans sa totalité. Environ 13 millions de chevaux sont répartis, à peu près également, entre la Grande-Bretagne, la France, l'Allemagne et l'Autriche-Hongrie ; pour tous les autres pays de l'Europe occidentale il ne reste donc pas plus de 3 millions ou 3 millions et demi de chevaux.

Nous avons déjà dit plus haut que tous les chevaux existants sont probablement issus de la même source unique, notamment des chevaux sauvages de l'Asie centrale (voir page 13). Mais tandis que dans l'Asie, dans l'Afrique et dans l'Europe orientale (la Russie d'Europe) les différentes races chevalines qui se sont formées depuis, ont conservé les caractères principaux du type primitif, connu maintenant sous le nom de *type oriental*, — en Europe occidentale elles dégénérèrent en un type tout à fait à part — *type occidental* ou *norique* (voir pages 15 et suiv.). C'est probablement sur les paturages plantureux du littoral du continent de l'Europe occidentale que ce dernier type prit naissance et de là il se répandit dans les pays voisins. Il n'y a pas très longtemps et, peut-être encore dans le siècle précédent, il existait en Europe assez de représentants purs du type norique. Maintenant il prédomine sans doute dans tous les chevaux de gros trait, mais il n'est conservé assez pur que dans le cheval de Pinzgau (voir page 17 et fig. 12). Sauf cette exception (qui n'est peut-être pas absolue), tous les chevaux de l'Europe occidentale sont à présent les produits du mélange plus ou moins varié entre les deux types.

L'application large de ce qu'on appelle « amélioration par le croisement », d'abord avec le sang oriental, puis, surtout pendant la seconde moitié de notre siècle, avec le pur sang anglais, qui n'est que le sang oriental modifié, a eu pour résultat l'anéantissement presque complet des races originaires. A quelques rares exceptions près, par exemple du poney shetlandais en Angleterre, les races primitives n'existent plus dans l'Europe occidentale, et celles qui ont été créées plus tard sont si peu stables que pour les maintenir l'homme doit employer les plus grands soins.

Mais le but de l'éleveur de chevaux moderne n'est pas la création ou le maintien des races; il n'a en vue que la production des chevaux utiles, adaptés aux exigences du temps, et comme celles-ci changent continuellement avec le progrès rapide de la civilisation, — les qualités des chevaux produits varient aussi sans cesse.

C'est précisément ces caractères essentiellement utilitaires qui distinguent d'une manière si tranchée l'élevage des chevaux dans l'Europe occidentale de celui qui prédomine encore en Russie.

En Russie, la nature à elle seule suffit encore pour satisfaire aux besoins pressants de la vie; l'art n'y est pas encore imposé à l'homme par les nécessités urgentes de l'existence et n'y joue jusqu'à présent qu'un rôle secondaire. Dans l'Europe occidentale, au contraire, il y a déjà longtemps que la vie serait impossible sans le concours actif de l'art. Cette différence dans les conditions d'existence se fait sentir en tout et, entre autre chose, dans l'élevage des chevaux.

En Russie, l'élevage régulier ou artificiel des chevaux n'est pratiqué que par les riches amateurs et par le gouvernement qui est et a été toujours le principal promoteur de toutes les améliorations et innovations utiles. Le nombre des chevaux élevés régulièrement ne dépasse pas quelques centaines de mille. La grande masse, plusieurs dizaines de millions de chevaux russes sont élevés par la nature seule, sans aucune intervention de l'art; et ce sont justement ces chevaux qui forment des races très distinctes, très caractéristiques et très stables à cause de leur ancienneté et du grand nombre d'individus qui les composent.

En Europe occidentale, au contraire, la main sacrilège de l'homme a tout transformé, a tout plié aux besoins imminents de la vie quotidienne.

Si la Russie occupe la première place dans le monde par le nombre de ses chevaux et par la variété de ses races chevalines, l'Angleterre doit être mise à la tête de toutes les nations, en ce qui concerne l'élevage régulier des chevaux et du bétail en général. Tout y est propice. Le sol, riche en paturages et en produits nécessaires pour la bonne alimentation des animaux herbivores; le climat, tempéré et très favorable au développement régulier du corps animal; la prédilection particulière dont le cheval jouit parmi les habitants de la Grande-Bretagne, et, enfin, le génie pratique, le caractère patient et énergique des représentants de la race anglo-saxonne qui savent distinguer le but à atteindre et atteindre ce but, malgré les obstacles.

Aucun peuple au monde ne mange autant de viande que les Anglais, aussi ont-ils su créer un bœuf spécial pour la viande, le *Durham*, un bœuf dont le corps est si énorme et les membres comparativement si petits que l'animal engraissé peut à peine se mouvoir. Leurs moutons, leurs porcs et même leur volaille à destination culinaire ne le cèdent en rien à leur bœuf. Si les Anglais participaient aux goûts hippophages des peuples orientaux, ils auraient eu sans doute aussi le cheval de la même espèce.

Mais ce qu'ils aiment dans le cheval ce n'est pas tant la matière que la force motrice, et ils emploient tous leurs efforts pour développer cette dernière dans le sens de l'usage qu'ils veulent en faire. Ils ont créé le cheval de courses — un vrai antipode du bœuf Durham par la légèreté de son corps, par la rapidité de ses mouvements et par la prédominance en lui, pour ainsi dire, de l'esprit sur la chair.

— Pour la chasse, pour toutes sortes d'exercices, pour la selle comme pour la voiture, pour le trait léger ou le gros trait, en un mot pour chaque emploi ils savent produire un cheval spécial. Leur fort et peut-être pourrait-on dire leur faible est précisément dans la spécialisation un peu excessive des animaux d'après leur destination. En cela ils sont l'opposé de leurs congénères américains qui eux, au contraire, cherchent l'universel.

CHAPITRE PREMIER.

ORIGINE DES CHEVAUX ANGLAIS.

Les premières notions historiques que nous ayons des chevaux de la Grande-Bretagne nous viennent du temps de la campagne de Jules César dans les Iles Britanniques, 55 avant J.-C. On y parle de chevaux petits de taille, mais robustes, courageux et agiles. Les chevaux plus grands de corps et de taille furent amenés en Angleterre beaucoup plus tard, du continent européen — de la Hollande, de l'Allemagne et de la Normandie. — Un assez grand nombre de chevaux espagnols furent transportés dans la Grande-Bretagne au temps de leur grande renommée comme chevaux de parade.

Alors comme à présent, les Anglais savaient parfaitement profiter de la matière qu'ils avaient sous la main. Au moins cent ans avant la création de leur pur sang, ils surent déjà produire d'excellents chevaux appropriés aux différents usages de leur vie. Les chroniqueurs de cette époque parlent de chevaux de grande taille (1), rapides aux courses et très résistants ; à la tête sèche et petite, bien que souvent assez grossière, aux yeux grands, aux narines larges, aux oreilles un peu longues, mais pointues, à l'encolure longue et droite, à la poitrine profonde et assez large, au dos horizontal et

(1) Le cheval de chasse (*hunter*) en 1618 mesurait en moyenne 1^m,60 — 1^m,64 (16 hands).

fort, à la croupe arrondie ; aux membres vigoureux, secs, bien musclés et articulés.

Mais la passion de plus en plus croissante des Anglais pour les courses ne leur permit pas de se contenter d'une rapidité moyenne et les poussa à chercher à produire un cheval dont la vélocité fût hors de concours. Ce qu'ils possédaient ne suffisait pas pour atteindre ce but. On s'adressa à l'Orient. Avant cette époque les chevaux orientaux n'avaient été amenés en Angleterre qu'accidentellement, par exemple par les chevaliers des croisades ; mais pendant tout le dix-septième siècle, à l'époque qui précéda immédiatement la création du pur sang, les chevaux d'origine orientale affluèrent en Angleterre sans interruption et en grand nombre : on s'en servit pour arriver au but désiré.

Vers la fin du dix-septième et au commencement du dix-huitième siècle ce but fut atteint par la création du pur sang anglais, ce cheval de course par excellence. Depuis ce moment le pur sang est devenu le pivot autour duquel tourne principalement l'élevage des chevaux non seulement en Angleterre, mais aussi dans la plupart des autres pays. L'introduction en Angleterre des chevaux orientaux cessa brusquement et ces derniers devinrent même l'objet d'un certain mépris de la part des Anglais, mépris qui est sans doute injuste.

Le nombre des chevaux dans la Grande-Bretagne peut être évalué approximativement à 3 millions ou un peu moins : plus de 8,5 pour 100 habitants. Pour la commodité de la description nous les divisons en quatre catégories : a) les pur sang ; b) les chevaux d'origine mixte — presque tous demi-sang ; c) les chevaux de gros trait, et d) les chevaux de races primitives. La majorité appartient à la seconde catégorie (b).

CHAPITRE II.

La race du pur sang anglais (*thoroughbred*) ne vint pas d'emblée ; elle se forma peu à peu pendant le dix-septième siècle. Les courses faisaient déjà la passion des Anglais, et les hommes qui créèrent le pur sang n'avaient pas en vue la race ; leur but unique était d'obtenir le cheval le plus propre aux courses, c'est-à-dire le plus rapide. S'il n'y avait pas de courses, il est très probable que le pur sang ne serait pas créé. L'Angleterre possédait déjà de très bons chevaux, mais ils n'étaient ni assez légers, ni assez rapides. On fit venir des chevaux de la Turquie, de l'Arabie, de la Perse et du Nord de l'Afrique, et, par des croisements entre eux et en partie avec les chevaux indigènes, on essaya d'atteindre le but, c'est-à-dire la rapidité exigée aux courses qui servaient de pierre de touche. On travailla si bien que déjà vers la fin du dix-septième siècle on arriva à un résultat qui dépassa toutes les espérances : on obtint des chevaux dont la rapidité était jusqu'alors inconnue. Ces chevaux formèrent un noyau que l'on tâcha de conserver, de faire fécond et, si c'était possible, de développer même encore dans le sens de la rapidité.

Pl. XVII.   Collection du Dʳ I. Simonoff

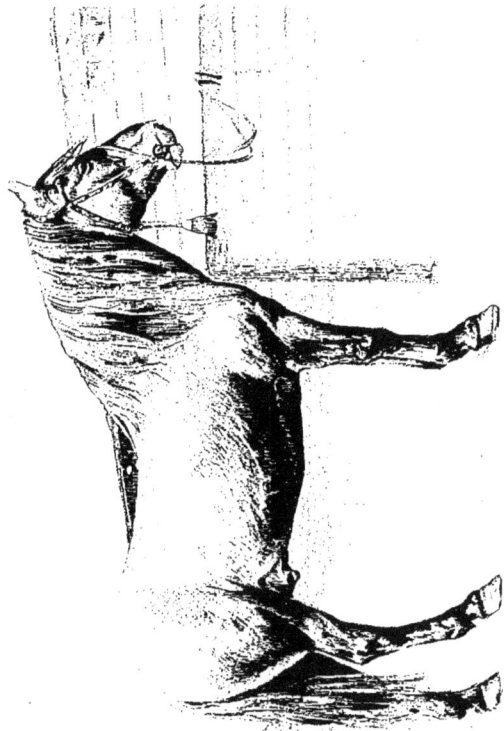

VIATKA (8 ans, taille 1ᵐ 135)
Cheval (hongre) de la race de Viatka.

Du côté de la ligne paternelle, l'origine de la race de pur sang peut être tracée nettement jusqu'aux étalons orientaux. Quant à la ligne maternelle, elle est beaucoup moins certaine ; on affirme que les premiers chevaux de la race naquirent des « juments royales » (*royal mares*), qui furent amenées de l'Orient (1) sous le règne de Charles II. Mais dans les premières générations on trouve aussi des juments dont le pedigree est inconnu et dont plusieurs étaient sans aucun doute d'origine mixte.

La race de pur sang n'est donc pas entièrement libre de cette tache (*stain*) que les Anglais considèrent maintenant comme diffamante et qu'ils évitent à présent si soigneusement. La quantité de sang plébéien qui fut ainsi infusée dans les veines de la race est néanmoins si minime, et la race elle-même fut maintenue dans la suite dans une telle pureté, que pratiquement on peut la considérer comme parfaitement noble, aussi noble que ses ancêtres orientaux.

Parmi les étalons orientaux qui ont participé à la création du pur sang, il y avait des arabes, des turcs, des barbes et des persans. Trois d'entre eux, surtout, laissèrent une postérité glorieuse. C'étaient : le turc Byerley (Byerley Turk), l'arabe Darley (Darley's Arabian) et l'arabe Godolphin (Godolphin Arabian), et principalement les deux derniers, auxquels remontent les pedigrees de la plupart des chevaux célèbres aux courses.

L'*arabe Darley* était indubitablement de la souche arabe ; l'origine de l'*arabe Godolphin* n'est pas exactement établie : il était arabe ou barbe. Du *turc Byerley* on sait seulement qu'il fut capturé pendant le siège de Vienne par

---

(1) De quels pays de l'Orient? cela reste inconnu.

les Turcs en 1689. Le célèbre *Eclipse,* né en 1764, descend par la ligne paternelle directement de Darley et par la ligne maternelle de Godolphin.

Par son origine, par ses qualités physiques et morales le pur sang appartient franchement au type oriental ; mais sous l'influence d'un autre climat, d'une nourriture plus abondante, d'une reproduction et d'une éducation dirigées vers un but connu et choisi d'avance, ce type se modifia graduellement et acquit des caractères particuliers qui sont propres à la race du pur sang anglais et la distinguent de toutes les autres races. Les éleveurs de la race, ayant eu en vue principalement les succès aux courses, tâchaient surtout de développer les qualités qui y sont le plus nécessaires : l'énergie et la rapidité. L'énergie ou « le sang », la race l'eut naturellement en héritage de ses procréateurs orientaux. Mais la taille, la longueur du corps et des membres de ces derniers étaient insuffisantes pour produire la rapidité désirée ; on les développa par la sélection intelligente des reproducteurs, par l'éducation et par l'entraînement. En agrandissant les dimensions, on se gardait bien, cependant, de trop charger la musculature et le squelette, car la légèreté est une des conditions indispensables pour la rapidité. Finalement on créa un cheval dont les formes ressemblent beaucoup à celles d'un lévrier : le corps long et étroit perché sur quatre membres hauts et grêles, l'encolure longue, déliée et droite, la tête petite et légère. Les os du squelette aussi denses et durs que ceux du cheval arabe, mais plus minces ; les muscles et les tendons forts, mais plutôt longs qu'épais.

La taille du pur sang varie entre 1^m,58 et 1^m,78 ; la plupart des chevaux qui se sont distingués aux courses n'avaient pas plus de 1^m,62 ; le célèbre *Eclipse* mesurait cependant 1^m,68. L'expérience a démontré que les chevaux de

trop grande taille sont souvent sujets à *la pousse*. La tête
ordinairement petite, sèche et noble, au profil de devant
droit ou légèrement busqué ; plus rarement elle est camuse ;
les yeux grands, limpides, saillants, espacés et presque toujours entourés d'un anneau de peau privée de poils (un
des signes distinctifs de la race) ; les oreilles de grandeur
moyenne, attachées assez haut ; les naseaux larges, mobiles,
les lèvres minces. Mais en général la tête du pur sang n'a
pas l'homogénéité de formation de celle du cheval arabe :
même parmi les chevaux célèbres aux courses, on rencontre
des têtes grandes et plutôt grossières que nobles, quelquefois aux oreilles pendantes. L'attache de la tête à l'encolure est généralement bonne. L'encolure longue, déliée
et *droite* ; on ne voit jamais les pur sang ni avec une encolure de cerf (renversée) ni avec celle de cygne (rouée). Le
garrot long et ordinairement plus élevé que la croupe ; cependant il y a des exceptions : par exemple le garrot d'E-
clipse était plus bas que la croupe. Malgré la grande longueur générale du corps, le dos n'est pas trop long ; le plus
souvent il est horizontal ou légèrement convexe. La croupe
longue et avalée, avec la queue attachée assez bas (1). La poitrine longue et profonde, mais pas large ; les côtes longues,
assez plates, les flancs le plus souvent retroussés. L'épaule
longue, ordinairement bien disposée. L'arrière-main vu de
côté est long et large, mais vu de derrière est aussi étroit
que le poitrail. Les cuisses et les bras, les jambes et les
avant-bras longs, les canons au contraire courts — la conformation nécessaire pour la course rapide. Les paturons
assez longs ; les sabots petits, étroits et fermes.

C'est surtout la longueur suffisante de la ligne qui unit la

_____

(1) La croupe horizontale avec la queue attachée haut, comme chez le cheval
arabe, serait un défaut pour le cheval de courses.

tête du *fémur* (1) avec la *pointe* du jarret que les Anglais apprécient dans un cheval de courses.

Les jarrets et les genoux sont en général les endroits les plus faibles du pur sang anglais; ordinairement ils sont trop étroits, pas assez solidement articulés et souvent très prédisposés aux maladies des articulations.

La peau du pur sang est fine et transparente comme celle de l'arabe; elle laisse voir à travers son épaisseur les réseaux des vaisseaux sanguins et des nerfs : un des signes caractéristiques du *sang*. Les poils ras et luisants; les crins fins et soyeux. Les différentes nuances de bai et d'alezan sont les robes prédominantes; le noir et le rouan rares; le gris ne se rencontre qu'exceptionnellement.

Le pur sang anglais est plus grand de taille, et plus rapide que le cheval arabe; mais il est moins beau, moins harmonieux dans ses formes, moins doux de caractère et de beaucoup moins résistant que ce dernier. Il est aristocrate non seulement par sa naissance, mais aussi par ses habitudes.

Sur la planche XXX et la fig. 41 sont représentés deux étalons pur sang anglais non entraînés, dans l'état de reproducteurs de haras : *Middleton* (planche XXX) et *Tristan* (fig. 41); le premier est né en Russie, le second en Angleterre. La fig. 42 nous montre un étalon pur sang entraîné pour les courses.

Le type général du pur sang anglais est bien visible dans tous les trois; mais considérés en détail, ils ne se ressemblent pas beaucoup. La différence entre le cheval de la fig. 42 et les deux autres est due en partie à ce que le premier est représenté entraîné et les deux autres non entraînés;

(1) Ou l'articulation *coxo-fémorale.*

mais elle est aussi très grande entre *Middleton* et *Tristan*.

En général, si les traits caractéristiques du type sont communs à tous les chevaux de pur sang anglais, la manifestation de ce type dans les différents individus de la race est très va-

Fig. 41. — *Tristan*, étalon pur sang anglais.
D'après la photographie de J. Delton (*Photographie hippique*).

riable, beaucoup plus variable que dans les chevaux de la race arabe, et même plus variable que dans les trotteurs russes de pure race orlow. Les traits communs sont ceux du type oriental, auquel appartenaient tous les premiers reproducteurs de la race ; la variété dans les détails provient pro-

bablement de la différence individuelle de ces mêmes reproducteurs, différence qui n'a pu encore s'effacer pendant le
temps relativement court de l'existence de la race.

Précisément à cause de ces circonstances, il est impossible
de reconnaître le pur sang d'une manière sûre d'après ses
formes extérieures, ou même d'après l'ensemble de ses qualités extérieures et intérieures. On peut facilement faire une
bévue et prendre un demi-sang pour le pur sang et *vice-
versa*.

Le seul moyen sûr c'est de consulter le *Stud-Book* (1) anglais, dans lequel sont inscrits tous les pur sang avec leurs
pedigrees. Le premier essai de composition d'un *stud-book*
fut fait en 1791, mais il ne fut régulièrement établi qu'en
1808. D'après ce livre, on peut suivre la généalogie de
chaque cheval pur sang jusqu'aux premiers reproducteurs
orientaux. Comme nous l'avons déjà dit, les meilleurs chevaux de courses sont les descendants directs ou de l'arabe
Darley, ou de l'arabe *Godolphin,* ou du turc *Byerley.*

Les Anglais sont un peuple essentiellement pratique. Ce
n'est pas la théorie, mais le sens pratique et l'expérience qui
les guident, dans les procédés qu'ils appliquent à l'élevage des
bestiaux en général et des chevaux en particulier. Ordinairement, ils font très peu de cas de la pureté des races et les
mélangent sans façon, quand cela leur paraît utile pour atteindre leurs buts. Ces mêmes principes, ils les appliquent à
l'élevage des chevaux, avec une seule exception pour leur race
de pur sang. La pureté de celle-ci, ils la conservent soigneusement, — si soigneusement, que la moindre suspicion d'une
souillure avec du sang impur fait rayer du *Stud-Book,* et
par conséquent de la race, les chevaux les plus distingués par

(1) *Stud-Book* veut dire « livre de haras » : *stud*, haras; *book*, livre.

leurs qualités physiques et morales. Ainsi furent éliminés du
Stud-Book, exclus des haras de pur sang et incorporés
parmi les demi-sang, plusieurs chevaux célèbres, par exemple

Fig. 42. — Étalon pur sang anglais, entraîné pour les courses.
D'après photographie.

Mambrino, dont le fils *Messenger* est devenu la souche des
trotteurs américains.

Cependant, cette exception même en faveur des pur sang
n'est qu'une des preuves de l'esprit pratique et clairvoyant
des fils d'Albion. Considéré en lui-même, le pur sang ne représente un cheval hors de concours que pour le but auquel

il est destiné, c'est-à-dire pour les courses; pour tous les autres emplois il peut être plus ou moins avantageusement
remplacé par des chevaux d'autres origines. Son utilité
principale n'est pas dans les usages auxquels il est bon lui-
même, mais dans l'influence qu'il peut exercer, comme reproducteur, sur les autres races chevalines, influence qui est
maintenant prouvée par l'expérience de tout le monde.

C'est surtout dans ce but que doivent être conservées intactes dans leur pureté les races qui, comme le pur sang anglais ou le pur sang arabe, possèdent des qualités physiques
et morales proéminentes, bien *distinctes* et assez *constantes*
pour être transmises héréditairement. Précisément à cause de
ces qualités bien distinctes et constantes, les éleveurs ont en
elles une source sûre et certaine pour améliorer ou modifier
d'autres chevaux dans un sens *déterminé d'avance*. Et ce serait
impossible, si les races n'étaient pas conservées pures. Avec
un reproducteur métissé, par exemple avec un demi-sang, on
ne peut agir qu'au hasard ; tandis que d'un reproducteur de race
pure on a le droit d'espérer des résultats plus ou moins sûrs.
Les propriétaires de haras le savent bien. Pour avoir une idée
de l'importance pour les haras des pur sang arabe et anglais,
on n'a qu'à se représenter mentalement l'embarras qui s'en-
suivrait si ces deux races disparaissaient tout d'un coup.

Même importance aurait pu avoir la race des trotteurs
russes si nous avions appliqué à la conservation de sa pureté
la même persévérance que les Anglais à celle de leur pur sang.

Mais il y a cependant un grand reproche à faire aux Anglais. Depuis que l'intérêt pécuniaire a commencé à jouer
aux courses un rôle important, ils lui sacrifient peu à peu l'a-
venir de leur cheval, en développant en celui-ci la rapidité
et la légèreté, aux dépens de toutes les autres qualités, et
en le faisant courir le plus tôt possible, à un âge où son

IXE (6 ans, taille 1ᵐ47)
Klepper esthonien.
Appartient à S.A.I. le Grand Duc Boris Wladimirowitch.

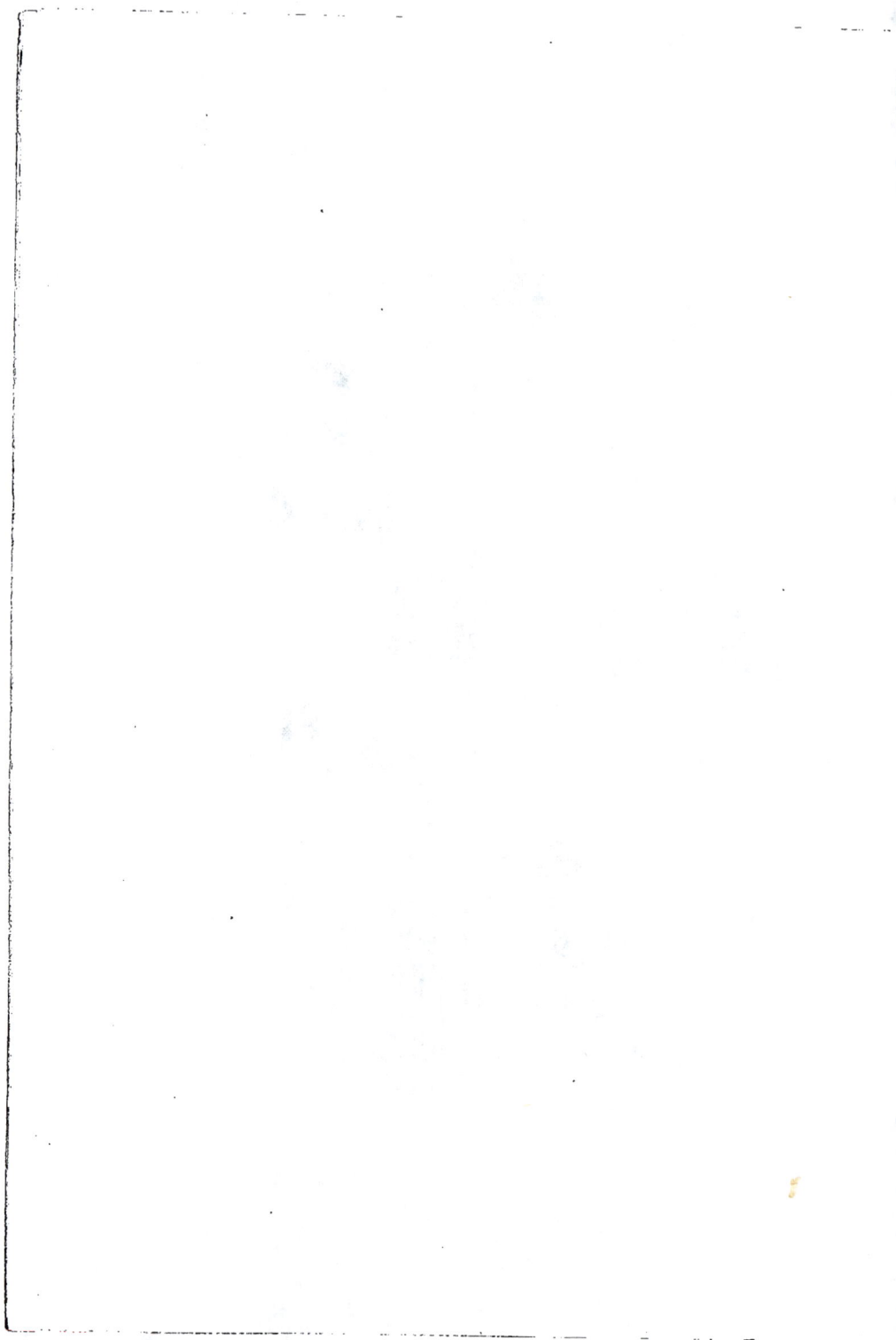

corps n'est pas assez formé pour supporter impunément les fatigues d'un exercice aussi dur.

Si on le compare à ses ancêtres, les chevaux d'il y a quatre-vingts ou cent ans, le pur sang moderne a peut-être gagné en rapidité de 1 à 3 secondes par kilomètre ; mais, en revanche, il a beaucoup perdu en solidité, en force et en résistance ; et tant perdu, que l'on a été obligé de raccourcir les distances courues et d'alléger le poids porté par le cheval. Ces changements dans les conditions des courses ont dû, à leur tour, contribuer plutôt à l'abaissement qu'au rehaussement des qualités du cheval, car, à courtes distances et avec un poids léger, même les chevaux tarés peuvent gagner des prix et être pour cela acquis aux haras comme reproducteurs.

Il y a sans doute en Angleterre jusqu'à présent des pur sang superbes, par exemple, le cheval représenté fig. 41 ; mais le niveau moyen est plus bas qu'il y a quelques dizaines d'années, et il s'abaissera encore si l'on continue à marcher dans la même voie.

Heureusement pour les vrais amateurs de chevaux, parmi les pur sang, qui sont produits annuellement dans la Grande-Bretagne, une très grande partie ne va pas aux courses à cause d'une rapidité insuffisante : on en fait des *steeple-chasers*, des *hunters*, des *park-hacks* et quelquefois même des chevaux d'attelage élégants, selon les capacités des animaux. Plusieurs de ces chevaux ne sont pas assez rapides, justement à cause de la solidité et de l'harmonie de leur constitution, et c'est parmi eux qu'il faut chercher les meilleurs pur sang anglais, les plus aptes pour créer une excellente postérité. En Amérique et sur le continent de l'Europe, on le sait et on en profite ; mais en Angleterre il est rare qu'un cheval qui n'a pas gagné de prix aux courses aille comme reproducteur aux haras de pur sang ; il y sert plus souvent pour la production des demi-sang. C'est une faute que font les Anglais et que nous répétons assez souvent en Russie, en n'achetant pour nos haras que les pur sang qui ont gagné des prix, et dont on ne nous vend pas, sans doute, les meilleurs.

CHAPITRE III.

A cette catégorie nous rapportons tous les chevaux qui par leurs caractères ne peuvent appartenir à aucune race distincte. Tels sont maintenant tous les chevaux anglais, à l'exception du pur sang, de quelques chevaux de gros trait, et d'une petite quantité de chevaux de races primitives, qui sont encore restés dans la Grande-Bretagne.

Malgré la grande variété individuelle de ces chevaux, il existe un trait commun qui les unit tous ou presque tous : c'est qu'ils sont à présent tous ou du moins en grande majorité des *demi-sang*, c'est-à-dire contiennent dans leurs veines une proportion plus ou moins grande de sang pur, qui leur communique à tous un cachet particulier, reconnaissable à l'œil exercé. Mais à part cela, ils sont si peu semblables, qu'il est impossible d'en faire une description générale ou de les grouper d'une manière satisfaisante d'après leurs caractères hippiques. Pour ne pas nous égarer dans des détails inutiles, nous ne voyons d'autre moyen que de les étudier d'après les usages auxquels ils sont destinés. Nous les divisons donc d'abord en deux grands groupes : chevaux d'attelage et chevaux de selle, division qui est strictement observée en Angleterre pour

les chevaux de qualité, le harnais étant un joug que le
cheval, noble animal, ne peut porter sans être dégradé
pour toujours.

Chevaux d'attelage.

Avant les chemins de fer, il y avait en Angleterre une
assez grande quantité de chevaux d'attelage massifs, destinés aux voitures lourdes de voyage. Les chevaux de
même espèce, mais plus majestueux, de plus belle apparence,
étaient employés pour les équipages de parade par les sou-
verains ou les grands seigneurs. Mais les chemins de fer ont
fait disparaître les chevaux de voyage, et quant aux chevaux
de parade, il n'en existe maintenant qu'un nombre insignifiant
dans les écuries de la cour : un tout petit haras de chevaux
hanovriens à la robe couleur crème, et peut-être encore
quelques chevaux de la race cleveland, jadis très célèbre.

Le haras de chevaux *hanovriens*, appartenant à la cour,
est établi en Angleterre depuis l'annexion du royaume de
Hanovre à la Prusse, et est maintenu exclusivement pour
les besoins de la cour.

Les chevaux de la *race cleveland* étaient grands, beaux,
majestueux et assez bons trotteurs; la plupart avait la robe
baie; ils étaient probablement issus du croisement de gros
chevaux de Yorkshire avec les pur sang. Cette race est aujourd'hui entièrement disparue.

De nos jours, à part les chevaux de gros trait, dont nous
parlerons plus loin, on n'emploie aux attelages que des chevaux beaucoup plus légers, plutôt beaux et élégants que résistants. Les voyages ne se font plus en voitures; le travail
des chevaux d'attelage est limité aux excursions et promenades dont l'étendue ne dépasse pas ordinairement quelques

kilomètres ; dans les grandes villes, comme à Londres, par exemple, on sort rarement hors des murs. Et alors même les personnes aisées ont au moins deux attelages travaillant alternativement. Les chevaux d'attelage que l'on produit aujourd'hui en Angleterre correspondent parfaitement à ces conditions de travail.

Fashion a pour les Anglais une signification beaucoup plus grande et plus obligatoire que *la mode* en France. *Fashion* sous-entend *correctnes* (correction), certaines règles qui doivent être strictement suivies par tout *gentleman*. Conformément à cette *fashion*, la taille et l'extérieur des chevaux d'attelage doivent correspondre à la voiture pour laquelle ils sont employés.

Aux voitures de ville à deux places, coupés, phaétons, etc., conviennent les chevaux dont la taille est d'environ 1^m,58 ; aux équipages à quatre places, landaws, barouches, carrosses, etc., les chevaux de 1^m,60 à 1^m,65, et seulement dans les cas exceptionnels (quand les chevaux sont très beaux) jusqu'à 1^m,69 ou même 1^m,71. Pour les petites voitures, paniers, phaétons légers et bas, etc., on se sert de poneys de 1^m,33 à 1^m,53, selon la hauteur de l'équipage.

Le cheval d'attelage doit posséder non seulement une apparence convenable, mais aussi de beaux mouvements — *a fine action* (belle action), comme disent les Anglais. Pour les excursions hors des villes il suffit que les mouvements soient réguliers et sûrs ; mais pour les promenades dans les villes la *high action* (haute action) est indispensable, c'est-à-dire que le cheval doit lever les genoux courbés très haut à la manière des trotteurs russes. Naturellement le pas et le trot sont les allures ordinaires. La rapidité au trot de 16 à 19 kilomètres par heure est considérée comme suffisante ; mais de très bons trotteurs doivent faire de 21 à 22 kilomètres et demi, rapidité qui est beaucoup inférieure à celle des bons trotteurs russes ou américains. Au pas, la vitesse est de 8 à 9 kilomètres.

Les robes préférées sont le bai et l'alezan ; mais en général chaque robe d'une couleur distincte est bonne pour l'atte-lage, même le pie ; une seule couleur fait exception (exception peu compréhensible), c'est le gris, qui est considéré *not fashionable.*

Parmi les chevaux d'attelage pour les petites voitures, on rencontre des poneys typiques de races primitives, par exemple des poneys shetlandais.

Les pur sang en général ne sont pas propres pour l'at-telage, à cause de leurs mouvements peu gracieux et trop rectilignes et de leur constitution trop légère et pas assez solide. Mais, comme de rares exceptions, on trouve parmi les pur sang des chevaux d'attelage magnifiques et que l'on paye très cher. C'est parmi les pur sang exclus de l'hippodrome, à cause de leurs formes trop solides et trop proportionnées, que l'on trouve ces chevaux.

Ordinairement les chevaux pour attelages sont fournis par des demi-sang d'origine et d'apparence très variés.

Il n'y a qu'un petit nombre de chevaux d'attelage de demi-sang que l'on puisse grouper dans une race à part ; ce sont les trotteurs de Norfolk.

Les trotteurs norfolks.

Les trotteurs de Norfolk sont élevés principalement à Norfolk et à Lincoln ; cette dernière localité est probablement leur pays natal. Les premiers chevaux de cette race ont paru il n'y a pas plus de cent ans. On croit qu'ils sont issus du

croisement de juments hollandaises avec des étalons pur
sang. Un de leurs ancêtres les plus célèbres fut *Phénomè-
non,* qui, par sa ligne paternelle, descendait directement de
Pretender, fils de *Marske* qui était aussi père d'*Eclipse.* Au

Fig. 43. — *Westminster,* trotteur norfolk; étalon au haras du Pin, les fanons coupés.
D'après la photographie de J. Delton (*Photographie hippique*).

commencement de notre siècle, ce fut *Marshland Shales,* qui
eut une grande renommée comme trotteur; on dit qu'il par-
courait facilement de 27 à 32 kilomètres (de 17 à 20 milles
anglais) par heure. Sa taille ne dépassait pas 1^m,50; par
son arrière-main il rappelait le pur sang, par sa tête, son

encolure et en général par son avant-main, le suffolk-punch.

Les norfolks de notre temps sont ordinairement plus grands de taille, laquelle, cependant, dépasse rarement $1^m,60$; ils sont d'une constitution solide et robuste, rappelant un peu celle des suffolks. Dans tous les cas, leur extérieur est beaucoup moins noble que celui des trotteurs russes ou américains. La tête n'est pas noble du tout; l'encolure longue est attachée assez haut, mais épaisse et charnue; le garrot n'est pas bas. Ils ont le dos horizontal, la croupe large, longue, robuste et arrondie, avec une queue bien plantée; la poitrine peu large, mais longue et profonde; les épaules longues et suffisamment obliquées; les membres relativement courts, bien musclés et vigoureux; les articulations bien développées, surtout celles des jarrets; les paturons courts, ornés de petits fanons. Le rouan, le bai et l'alezan sont les robes les plus communes. Le rouan argenté ou vineux est préféré, car c'est la robe héréditaire des trotteurs célèbres. Les mouvements sont assez beaux; les genoux des membres antérieurs sont pliés et élevés suffisamment, les pieds des membres postérieurs dépassent les traces des sabots de devant; mais ni l'un ni l'autre mouvement n'est aussi développé que chez le trotteur russe. Le trot du norfolk est plus court que celui du trotteur russe; sa vélocité dépend plutôt de la rapidité que de la largeur des mouvements. A de petites distances il peut trotter avec la rapidité de 22 à 27 kilomètres par heure; pour de grandes distances il est trop lourd.

Les Anglais ne sont pas grands amateurs des courses au trot et ils ne tiennent pas les norfolks en grande estime, surtout à cause de leurs formes peu nobles. Les Français et les Allemands, au contraire, les apprécient beaucoup et les

PL. XIX. Collection du Dr I. Simonoff.

Н. Бунинъ.

SUOMI (13 ans, taille 1m61)
Jument de race finoise
Cheval pour l'attelage finois de Sa Majesté l'Impératrice de Russie.

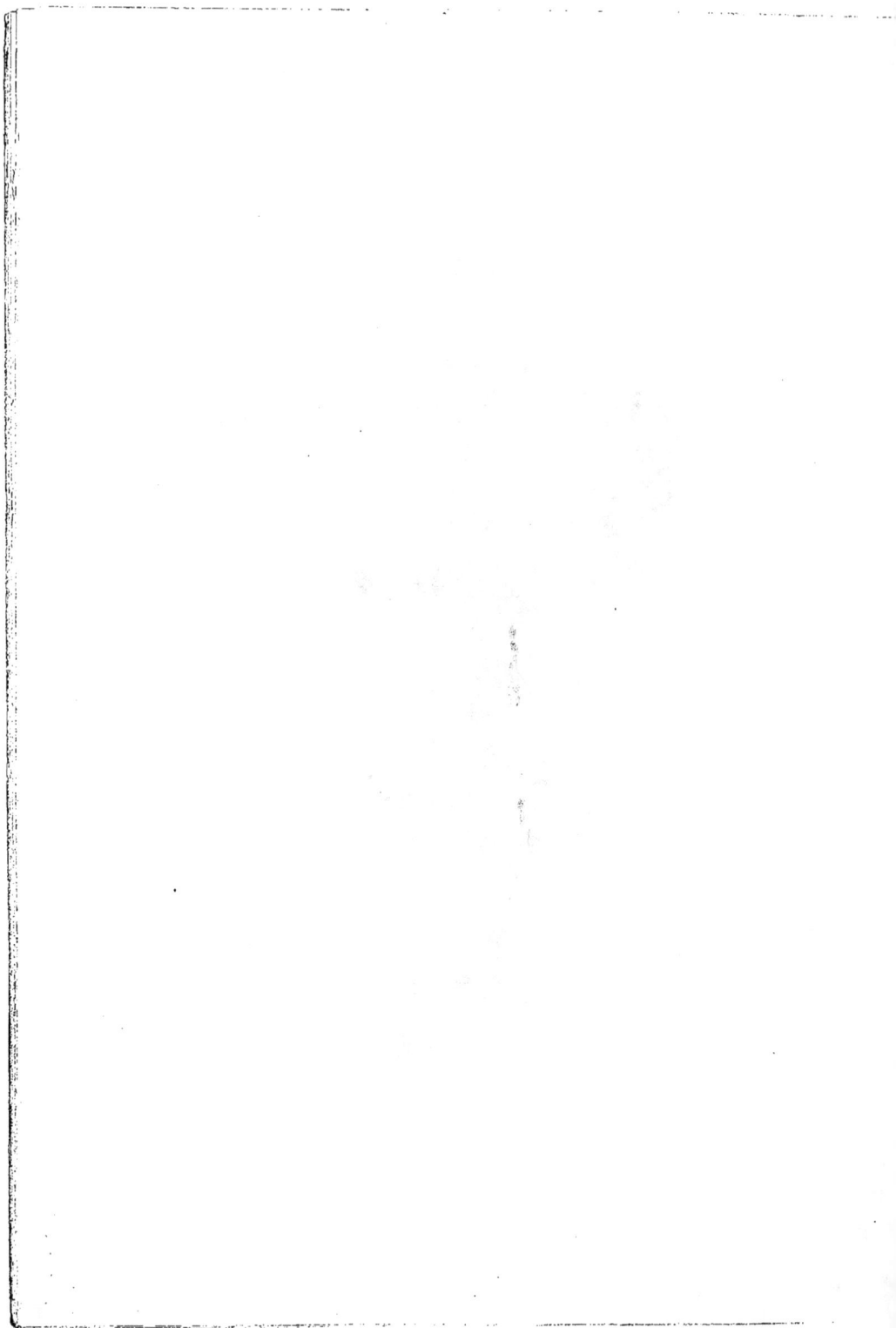

achètent volontiers pour en faire des reproducteurs dans leurs haras.

On a essayé et on essaye encore d'annoblir les norfolks par le pur sang ; mais l'expérience a démontré que le croisement avec le pur sang diminue les qualités du trotteur et souvent même les anéantit entièrement.

Toutes ces causes réunies font que la race s'appauvrit graduellement en quantité et en qualité, de sorte qu'il est fort probable que l'heure de sa disparition n'est pas très éloignée.

La fig. 43 donne le portrait d'un beau norfolk.

Les chevaux de selle.

Les chevaux de selle sont les chevaux de prédilection des habitants d'outre-Manche. Ils ne dédaignent pas les beaux chevaux d'attelage, mais les chevaux de selle sont leur passion. La promenade en voiture est pour eux un plaisir ; la course à cheval, une jouissance, à laquelle aspire tout le monde ! Leur génie hippophile est donc surtout dirigé vers la production de bons chevaux de selle.

La spécialisation, c'est-à-dire la production pour chaque usage d'animaux spéciaux, se fait sentir dans les chevaux de selle d'une manière encore plus évidente que dans les chevaux d'attelage. Pour les courses plates il y a le *cheval de course* pur sang ; pour les courses à obstacles — le *steeple-chaser ;* pour la chasse — les *hunters* de différentes espèces ; pour les voyages à cheval — les *hacks* ou *roadsters ;* pour les promenades dans les parcs — les *park-hacks ;* pour les personnes solides de corps et tranquilles d'esprit — les *cobs ;* pour les enfants — les *poneys.*

Les chevaux de courses plates (*race-horses*) sont toujours des pur sang. Pendant quelque temps on laissa courir aussi des demi-sang, mais maintenant cette arène leur est fermée. Même parmi les pur sang on n'admet que les plus légers et les plus rapides.

La fig. 42 représente un pur sang entraîné pour les courses.

Les steeple-chasers, c'est-à-dire les chevaux employés pour les courses à obstacles (*steeple-chase*), sont ordinairement ou des pur sang ou des demi-sang avec une abondante infusion du sang pur. Les obstacles à franchir et les distances plus grandes à parcourir (jusqu'à 4 milles anglais ou environ 6 kilomètres et demi) exigent pour le *steeple-chase* des chevaux d'une constitution plus robuste et d'une résistance plus grande que pour les courses plates. C'est pourquoi les pur sang les plus vigoureux et les mieux constitués se trouvent justement parmi les *steeple-chasers* ou encore plus souvent parmi les *hunters*.

Par la même raison pour le steeple-chase ne conviennent que des chevaux adultes, c'est-à-dire n'ayant pas moins de 5 ou 6 ans.

Les hunters ou les chevaux de chasse sont les chevaux les plus utiles de la Grande-Bretagne. La majorité appartient aux demi-sang; parmi les pur sang ce sont les individus très robustes qui seuls sont capables de supporter le travail des hunters; ils se recrutent parmi les pur sang de la même espèce qui fournit les steeple-chasers. Plusieurs steeple-chasers deviennent après des hunters. Mais en général le hunter doit être encore plus vigoureux et plus résistant que le steeple-chaser. Il doit avoir la poitrine bien développée, longue et profonde, mais pas large; le garrot suffisamment élevé; le dos robuste; les épaules longues et obliques; les quatre membres solides, bien musclés, vigou-

reux, et en même temps assez fins ; il est nécessaire surtout
que l'arrière-main soit bien bâti. La vue doit être très bonne,
les allures sûres, le tempérament docile ; enfin il doit avoir
une grande résistance aux fatigues et aux privations. La taille

Fig. 44. — Un *hunter* demi-sang, acheté en Angleterre pour les écuries Impériales à Saint-
Pétersbourg.

D'après la photographie faite par le Docteur L. Simonoff.

est de 1ᵐ,56 à 1ᵐ,69 et jusqu'à 1ᵐ,73 ; mais il y a de bons
hunters dont la taille n'excède pas 1ᵐ,50.

Pour la chasse au cerf ou au renard, dans les grandes
plaines parsemées d'obstacles très élevés ou très larges, les
chevaux doivent être de grande taille ; les pur sang ou les

demi-sang très proches du sang sont préférables. Pour les champs clos ou pour la chasse au lièvre dans la plaine peuvent suffire des chevaux d'une taille plus petite et de sang beaucoup plus plébéien. Mais pour toutes les chasses dans les localités accidentées il faut choisir surtout les pur sang.

Ce n'est qu'à l'âge de 6 ans que le cheval acquiert toutes les qualités nécessaires pour un bon hunter.

On élève des hunters partout dans la Grande-Bretagne; mais c'est principalement l'Irlande qui a la renommée de produire d'excellents hunters et steeple-chasers.

La cavalerie anglaise recrute ses meilleurs chevaux de troupe parmi les hunters.

La fig. 44 représente un hunter demi-sang acheté en Angleterre pour les écuries Impériales de Russie.

Les hacks. Les chevaux de selle qui par leur taille sont plus grands que les poneys et par leurs qualités n'appartiennent ni aux hunters ni aux chevaux de courses sont connus en Angleterre sous le nom général de *hacks*. On distingue les hacks de voyage ou *roadsters* et les hacks de promenades ou *park hacks*. On appelle *cob* un hack de taille moyenne, trapu, tranquille de caractère et assez solide pour porter facilement sur son dos un gentleman *sérieux* pesant de 100 à 115 kilogrammes.

Les hacks de voyage ou roadsters (*country hacks* ou *roadsters*). Avant les chemins de fer, les voyages à cheval étant très communs en Angleterre, les roadsters abondaient dans le pays. De 1^m,51 à 1^m,53 de taille, ils étaient très résistants, d'une constitution robuste, munis de membres solides et agiles, aux alures sûres et suffisamment rapides. A présent les roadsters ont disparu; il en reste peut-être encore quelques rares exemplaires chez les fermiers, les médecins et les vétérinaires de campagne. Plus tard les roadsters furent

Fig. 45. — *Flora*, jument cob, baie, des écuries Impériales à Saint-Pétersbourg; achetée en Angleterre.
D'après la photographie faite par le Docteur L. Simonoff.

remplacés par les *covert hacks*, qui leur ressemblaient par leur taille, leur extérieur et par leurs allures sûres et tranquilles; ils étaient cependant plus légers et plus rapides (faisaient au trot jusqu'à 21 et au galop jusqu'à 27 kilomètres par heure), mais moins résistants que les roadsters. Les covert hacks vont aussi bientôt disparaître.

Les hacks de promenade ou de parc (park hacks), n'ont besoin ni d'une grande rapidité ni de beaucoup de résistance. Ce sont des chevaux de plaisir et de montre. Un caractère doux, de belles formes, la régularité, la sûreté et l'élégance dans les mouvements, voilà les qualités que doit posséder le hack de parc. La taille la plus convenable est 1ᵐ,51 à 1ᵐ,53, aussi bien pour les femmes que pour les hommes; de 1ᵐ,60 à 1ᵐ,65 seulement pour les hommes d'une grande stature. Les pur sang et les demi-sang très riches en sang sont les plus aptes pour faire d'excellents hacks de parc.

Les cobs, par leur extérieur, ressemblent plutôt aux chevaux d'attelage qu'à ceux de selle; en réalité, ils sont ordinairement bons pour les deux usages. Physiquement et moralement le cob rappelle un peu l'ancien *suffolk punch* (voir page 148). Sa taille dépasse rarement 1ᵐ,56. Mais sa constitution est très solide. Son corps cylindrique, aux côtes bien cerclées, repose sur des membres relativement courts, robustes, musculeux et en même temps assez fins. La tête du cob est souvent noble, l'encolure bien attachée. Le caractère doux et tranquille; les allures sûres et régulières. Un bon cob doit faire au pas de 6 à 6 kilomètres et demi et au trot de 13 à 14 kilomètres par heure. Pour les personnes dont le corps est lourd et qui aiment dans leur monture les allures égales et tranquilles, il n'y a pas de cheval meilleur que le cob. L'Irlande en produit de très bons.

La fig. 45 donne le portrait d'un cob excellent.

Les poneys. — Le mot « pony » veut dire en anglais « cheval de petite taille ». Mais « la petite taille » n'est pas comprise de la même manière dans les différentes parties du royaume britannique. En Yorkshire, où les chevaux indigènes sont ordinairement très grands, on appelle « pony » tout cheval dont la taille est moindre de $1^m,58$; à Nottingham, seulement les chevaux ayant moins de $1^m,47$, et pour les habitants de Devon et de Sommerset un « pony » ne doit pas excéder $1^m,22$. Dans un sens plus restreint on comprend sous le nom de « poneys » de petits chevaux de races primitives qui sont élevés à l'état demi-sauvage dans certains endroits montagneux ou marécageux de la Grande-Bretagne; tels sont les poneys shetlandais ou les poneys d'Exmoor, dont nous parlerons plus bas. Ces poneys dépassent rarement $1^m,22$.

CHAPITRE IV.

Comme nous l'avons dit plus haut (page 118), les chevaux indigènes primitifs de la Grande-Bretagne étaient de petite taille. Des chevaux plus grands et plus massifs furent amenés en Angleterre du continent européen : de l'Allemagne, de la Hollande et de la Normandie. Ce n'est que de la fin du dix-septième ou du commencement du dix-huitième siècle que date l'élevage systématique des chevaux de gros trait en Angleterre. Les chevaux lourds de Hollande à la robe noire servirent de première base. Le climat, la nourriture et les exercices aidant, les Anglais arrivèrent, en moins d'un siècle, à créer par des croisements intelligents leurs races typiques de gros trait, devenues presque aussi célèbres que le pur sang.

Au commencement de notre siècle, l'Angleterre possédait environ six races distinctes de gros trait. Dans la suite, ces races se fusionnèrent graduellement en trois : les *dray-horses,* les *suffolks* et les *clydesdales,* qui existent encore maintenant, mais dont la fusion se continue, de sorte qu'il est probable que dans un temps plus ou moins prochain les traits distinctifs qui les séparent disparaîtront à leur tour. Déjà de nos jours la plupart des chevaux de gros trait en Angle-

Н. Букинъ

ZMÉY (Dragon) taille 1m.65 ;
Étalon de race jmoude.
Reproducteur de l'écurie de monte de Vilna.

Librairie Agricole de la Maison Rustique

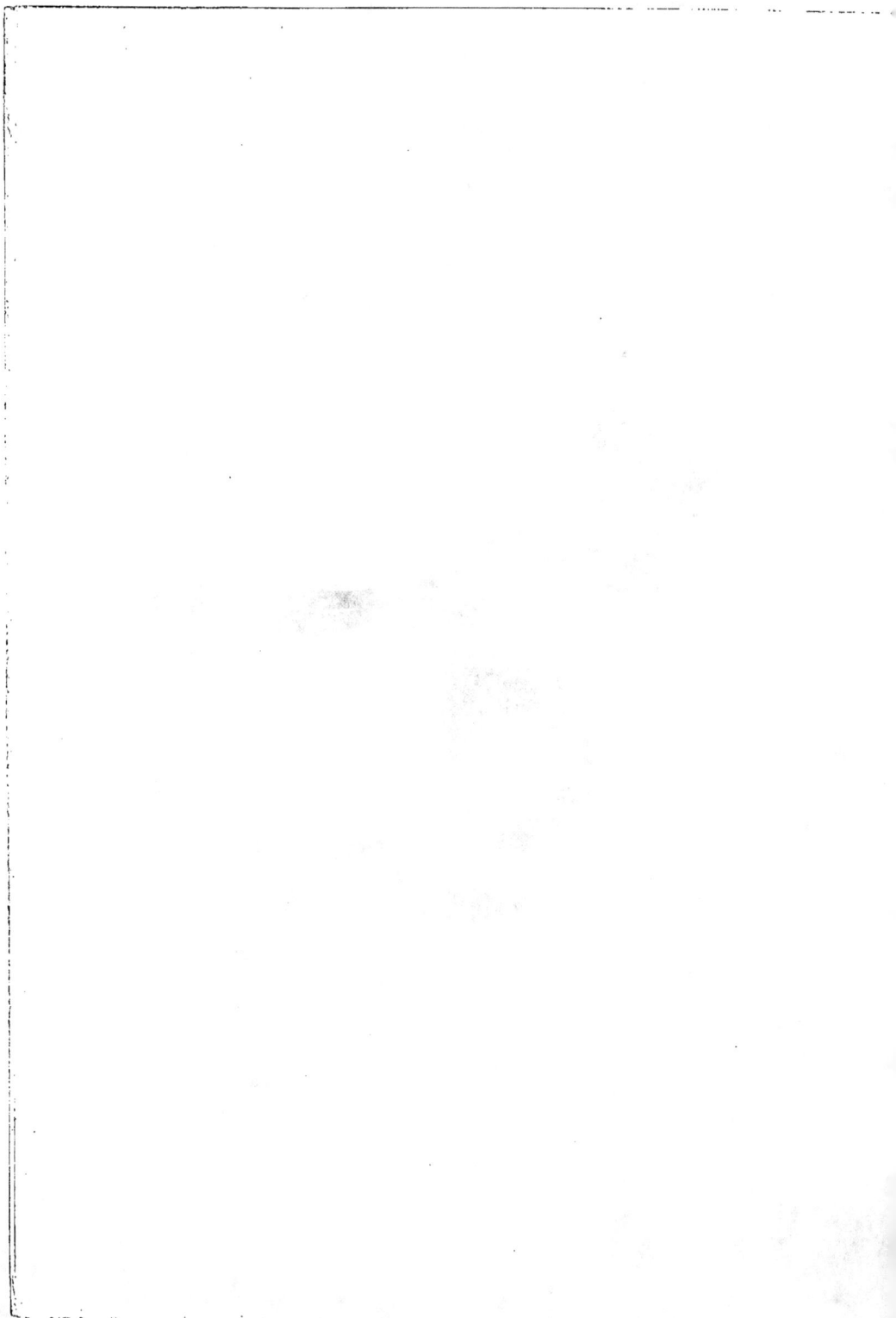

terre ne peuvent être rapportés à aucune race distincte. Parmi ces chevaux les *shire-horses* sont devenus célèbres et acquièrent de plus en plus d'importance.

Nous avons déjà dit qu'à l'exception de leur pur sang, les Anglais ne font pas grand cas de la conservation des races chevalines dans leur pureté. Sauf les pur sang, ils croisent volontiers tous leurs chevaux s'ils croient trouver dans ce mélange le moyen d'atteindre un but utile. C'est ainsi qu'ont été créés tous ou presque tous leurs chevaux de trait léger et de selle dont la majorité, comme nous l'avons vu, n'appartient à aucune race distincte (voir page 131). La même chose arrive maintenant avec leurs chevaux de gros trait. Les signes qui distinguent les races encore existantes deviennent chaque année moins caractéristiques. Les vrais dray-horses ont presque disparu et les suffolks périclitent; les clydesdales tiennent encore, mais sont déjà visiblement changés. Au contraire, les chevaux n'appartenant à aucune race distincte deviennent de plus en plus importants en nombre et en qualités. On peut être presque sûr que dans un avenir assez prochain les races de gros trait auront en Angleterre le sort des autres races chevalines, c'est-à-dire qu'elles se confondront en se mélangeant, et alors les chevaux de gros trait aussi seront distingués entre eux non plus d'après leurs races, mais d'après leurs emplois, comme on distingue à présent les différents chevaux de selle ou de trait léger (voir page 131).

Les dray-horses.

Le dray-horse était une spécialité des brasseurs de Londres; à présent il devient rare. C'est un géant même parmi les chevaux de gros trait, sa taille n'étant jamais moindre de

1^m,73, mesurant en moyenne 1^m,82 et quelquefois atteignant 1^m,93. La conformation du corps est en proportion avec la taille. Un dray-horse, de taille moyenne (1^m,82) pesait

Fig. 46. — *Sterling*, dray-horse, hongre.
D'après la photographie faite spécialement pour l'ouvrage.

914 kilogrammes (1), et il n'était pas des plus lourds. Autrefois chacune des grandes brasseries de Londres se

(1) La nourriture de ce cheval coûtait 3 shillings (3 fr. 60) par jour en moyenne.

distinguait par la couleur de robe de ses chevaux : l'une n'employait que les noirs (la couleur primitive du dray-horse), l'autre que les rouans, la troisième que les gris ou les alezans etc. Mais à présent on ne fait plus attention à la robe.

Un dray-horse est représenté fig. 46.

Le dray-horse est un bel animal ; cependant ce n'est qu'un luxe qui était entretenu par de riches brasseurs pour flatter leur vanité ; car l'expérience a démontré qu'un cheval un peu moins grand et moins massif est plus utile, même pour le transport de très lourds fardeaux. C'est pourquoi les dray-horses sont maintenant de plus en plus remplacés par des chevaux de gros trait d'autres races ; dans les haras on les croise volontiers avec celles-ci, et il est presque certain que bientôt il n'y aura plus de dray-horses purs.

Les suffolks.

Il n'y a pas longtemps encore, le suffolk avait une grande renommée non seulement en Angleterre, mais dans toute l'Europe. Il cède aujourd'hui la place au clydesdale et au shire-horse qui sont, sans aucun doute, des chevaux bien supérieurs.

Le comté de Suffolk a été depuis longtemps connu par ses chevaux de trait de labour (cart-horses), dont la taille n'était pas grande — ordinairement environ 1^m,52, — mais qui étaient trapus et robustes, avec les épaules bien développées et les membres vigoureux, bien que relativement secs. Précisément à cause de ces qualités on les appelait suffolk punch (1). Le sobriquet de punch reste encore, mais, par les

---

(1) Punch veut dire tonneau, au figuré, homme ou animal petit et trapu.

croisements réitérés avec des demi-sang du Yorkshire, les chevaux sont devenus plus grands, plus volumineux, plus rapides, mais en même temps beaucoup moins résistants.

Fig. 47. — *Un suffolk.*
D'après la photographie faite spécialement pour l'ouvrage.

Les suffolks de nos jours ont la taille de 1ᵐ,60 à 1ᵐ,63. Ils sont obéissants et doux de caractère et très aptes aux travaux d'agriculture, mais beaucoup moins bons pour le transport des fardeaux à des distances plus ou moins grandes, car leurs canons et leurs paturons ne sont pas assez solides et sont très sujets aux enflures qui font le cheval boiteux.

L'alezan est la robe la plus commune, la robe originaire du suffolk punch, mais il y a aussi beaucoup de bais.

La fig. 47 représente un suffolk moderne.

Les clydesdales.

Le clydesdale est toujours estimé comme un des meilleurs chevaux de gros trait non seulement en Angleterre, mais aussi dans la plupart des pays de l'Europe continentale. Son berceau est le comté de Clyde ou de Linark en Écosse. On croit que la race clydesdale est issue du croisement des étalons hollandais avec des juments indigènes de l'Écosse. On élève aujourd'hui des clydesdales dans toute la Grande-Bretagne.

Il y a dans l'extérieur et dans les qualités morales du clydesdale des traits qui rendent probable l'infusion d'une certaine quantité de sang pur dans ses veines; du reste, il y a bien peu de chevaux en Angleterre qui en soient entièrement exempts. La tête du clydesdale est plus noble, la peau et les poils sont plus fins que ceux des autres chevaux de gros trait; les mouvements plus énergiques, plus rapides et plus beaux. Plusieurs chevaux de cette race trottent bien, en quoi ils ressemblent aux bitugues russes. On considère comme un des signes caractéristiques de la race, des *fanons longs* et *soyeux* s'étendant sur les côtés du boulet et remontant le long du canon jusqu'au genou; mais aujourd'hui la plupart des autres chevaux anglais de gros trait possèdent de pareils fanons, peut-être à cause des croisements survenus avec les clydesdales (comparer les figures 46, 47 et 48).

La taille du clydesdale varie entre 1^m,64 et 1^m,73, elle est le plus communément d'environ 1^m,66. La robe est ordinairement baie ou brune ; les autres couleurs indiquent presque toujours l'impureté de l'origine.

Le clydesdale pur est un excellent animal, mais les An-

Fig. 48. — *Un clydesdale.*

glais trouvent que son corps n'est pas assez lourd, que ses membres sont un peu trop longs et ses mouvements trop énergiques pour un cheval de gros trait, et ils tâchent de l'améliorer dans ce sens par des croisements avec des chevaux plus massifs. Nous croyons, qu'ils le corrompent plutôt qu'ils ne l'améliorent.

Pour s'en convaincre il n'y a qu'à comparer le cheval représenté figure 48 avec celui de la planche XXXI. Le premier est le clydesdale de race primitive pure ; le second est
d'origine récente, c'est-à-dire déjà *amélioré* dans le sens de
la lourdeur. Nous avons vu des clydesdales encore plus
lourds.

Les shire-horses.

Littéralement traduit, *shire-horse* veut dire « cheval de
comté », mais en réalité ce mot signifie « cheval de labour » ou
« d'agriculture ». On donne ce nom, en Angleterre, aux vrais
chevaux de labour *(cart-horses)* qui n'appartiennent ni aux
dray-horses, ni aux suffolks, ni aux clydesdales, bien que
souvent ils leur soient assez proches parents. Les shire-
horses ne sont d'aucune race spéciale et ne se distinguent
par aucune robe particulière. Ils sont grands de taille jamais au dessous, le plus souvent au dessus de 1^m,65, ont
une corpulence forte et massive, avec des côtes bien
cerclées et profondes, une poitrine ample, un dos robuste,
une croupe bien étoffée, des épaules suffisamment fournies
pour porter aisément le collier, des membres puissants et
garnis de fanons abondants. Les shire-horses, bien que
n'appartenant à aucune race distincte, sont des chevaux
excellents et acquièrent de plus en plus d'importance, car
ils correspondent mieux aux exigences des travaux d'agriculture. Ils ont remplacé l'ancien *cheval noir (black horse)*
du Lincolnshire, qui était célèbre il y a quarante ou cinquante ans et qui a maintenant entièrement disparu, et peu
à peu remplacent les chevaux de gros trait des autres races.
On élève les shire-horses dans les comtés *(shires)* où se
pratique le labour profond.

CHAPITRE V.

Autrefois aux races *primitives*, c'est-à-dire aux races créées par la nature elle-même sans l'intervention de l'art humain, appartenaient les poneys shetlandais, les poneys d'Exmoor et les poneys du pays de Galles (*welsh ponies*). Mais les poneys gallois ont été tellement mélangés avec d'autres races, et principalement avec des pur-sang et des demi-sang, que la race primitive a disparu entièrement ; il n'en reste que le nom, que l'on applique indifféremment à tous les chevaux de petite taille issus du pays de Galles.

Les poneys d'Exmoor (1).

Un certain nombre de ces chevaux existent peut-être encore à l'état primitif, non mélangés avec des chevaux d'autres races ; mais la grande majorité est déjà améliorée par le croisement avec des pur sang, avec

---

(1) *Exmoor* est un plateau élevé et accidenté situé au sud-ouest de l'Angleterre, dans la partie septentrionale du comté de Devon et la partie occidentale du comté de Sommerset. Il est peu habité, couvert de buissons et d'herbes maigres et basses.

Pl. XXI. Collection du Dr L. Simonoff.

BÉSSMIANKA (10 ans, taille 1^m 60^c)
Etalon trotteur du haras de l'Etat Khrénovoyé.
(Écuries Impériales).

H. Byname B.

des chevaux de Dongola (voir page 27) et avec des demi-sang. Du reste, l'élevage des chevaux à Exmoor cède de plus en plus la place à l'élevage plus lucratif des moutons. Le poney d'Exmoor moderne, amélioré, ne dépasse pas ordinairement 1^m,29 ou 1^m,30; il a une belle tête ornée de petites oreilles; le corps compact, trapu et arrondi, avec des côtes bien cerclées; la poitrine et le dos solides; les membres secs, bien musclés et vigoureux. La plupart sont bais, bruns ou gris; on ne rencontre que peu d'alezans ou de noirs, bien que cette dernière couleur fût très fréquente parmi les chevaux de la race primitive.

Les poneys shetlandais.

Le poney shetlandais est la seule race primitive de la Grande-Bretagne qui soit restée réellement pure. Son berceau et sa patrie sont les îles Shetland situées au nord-est de l'Écosse et assez loin d'elle. C'est peut-être précisément cet isolement complet des îles qui fut la cause de la conservation de la race dans sa pureté. L'origine des poneys shetlandais n'est pas suffisamment connue. On suppose que les premiers chevaux des Shetland furent amenés de la Norvège, ce qui est d'autant plus probable que ces îles appartenaient autrefois à ce dernier pays et que les habitants des îles sont assurément d'origine norvégienne.

Le sol des îles est en partie très accidenté et en partie marécageux; il ne produit que des mousses, des lichens et des herbes maigres et courtes qui ne sont pas suffisants pour nourrir des animaux de grande taille. C'est pourquoi tous les animaux herbivores qui habitent les îles et parmi eux les chevaux, sont peu volumineux. La manière d'élever les chevaux y est aussi primitive que chez les habitants demi-sauvages des steppes sibériens, c'est-à-dire que ces animaux sont abandonnés à eux-mêmes pendant toute l'année et restent à l'air l'hiver aussi bien que l'été, ne se nourrissant que de ce qu'ils peuvent trouver sous leurs pieds. Aussi sont-ils presque aussi résistants que les chevaux de steppes, kirghizes ou kalmouks.

Les meilleurs poneys sont élevés sur l'île *Unst* dont le

Fig. 49. — *Jenny*, poney shetlandais, jument, 15 ans, taille 1ᵐ,04, alezan clair.
Photographiée spécialement pour l'ouvrage au Jardin d'Acclimatation de Paris par J. Delton
(*Photographie hippique*).

sol rocailleux est couvert de pierres rouges, parmi lesquelles poussent des touffes d'herbe qui servent de nourriture unique aux bestiaux. La taille d'un poney d'Unst est de 0ᵐ,98 à 1ᵐ,07; elle va très rarement jusqu'à 1ᵐ,12; on rencontre exceptionnellement des poneys dont la taille ne dépasse pas 0ᵐ,91. On préfère les animaux à robe isabelle, ayant la crinière, la queue et le toupet noirs ou presque blancs, le plus souvent avec une bande de la même couleur le long du dos. Les robes noire et baie sont fréquentes; le gris et l'alezan, au contraire, très rares, aussi bien que le pie.

La figure 49 représente un poney shetlandais à robe isabelle, crinière, queue et toupet presque blancs.

On élève aussi de très bons poneys sur les domaines de Balfour dans les îles d'Orkney.

Les poneys originaires de l'Écosse, notamment des comtés qui bordent le littoral ouest de ce pays (Argyll, Mull, Skye, Ross), sont plus grands : de $1^m,24$ à $1^m,29$ et beaucoup moins résistants.

Les poneys d'Islande (1) sont un peu plus petits : environ $1^m,22$.

(1) Cette île appartient au Danemark (voir *les Chevaux danois*).

QUATRIÈME PARTIE

LES CHEVAUX FRANÇAIS

D'après les dernières données statistiques que l'Administration des haras a eu l'obligeance de nous communiquer,
il y avait en 1892, en France, 2.956.425 chevaux, dont
437.901 étalons, 965.755 hongres et 1.552.769 juments. En
y ajoutant environ 150.000 têtes en Algérie (1) on aura en tout
3.106.425 chevaux. Sans l'Algérie, le rapport numérique
des chevaux aux habitants est à peu près de 8 à 100.

Quant au nombre de chevaux, la France se trouve donc
approximativement dans la même position que la Grande-Bretagne ; elle est même plutôt un peu plus riche en chevaux
que ce dernier pays. Le climat et le sol de la France ne sont
pas moins propices à l'élevage des bestiaux que ceux de
la Grande-Bretagne, surtout dans les départements du nord
et du nord-ouest. L'industrie et l'agriculture sont dans les
deux pays au même degré de développement, et doivent in-
fluer sur la production chevaline dans le même sens.

---

(1) D'après les appréciations approximatives de l'Administration des haras ; mais
des personnes qui connaissent bien l'Algérie nous ont affirmé que le nombre des
chevaux y dépasse de beaucoup le chiffre officiel.

Mais où la dissemblance est très grande, c'est dans le caractère des deux peuples, dans leurs habitudes et dans leurs procédés quant à la production et à l'élevage du bétail en général et des chevaux en particulier.

En Angleterre, l'initiative privée est très développée; elle y est le moteur principal, la cause essentielle de toutes les évolutions qui se font dans la vie économique et morale du peuple; les Français, au contraire, sont centralistes par excellence.

En Angleterre, toutes les classes de la société s'intéressent plus ou moins aux chevaux; les connaissances pratiques de zootechnie y sont plus répandues; on y trouve beaucoup d'amateurs et parmi eux pas mal de vrais connaisseurs de chevaux. En France, on est en général assez froid sur ce sujet, et en dehors des spécialistes de profession, il y existe très peu de personnes qui aient des notions suffisantes en hippologie (1).

Aussi comprend-on facilement pourquoi la production et l'élève des chevaux en Angleterre sont entièrement entre les mains de l'industrie privée, tandis qu'en France, elles sont et ont toujours été inspirées et dirigées par le gouvernement.

Il faut ajouter encore à cela que la France, par sa position politique et géographique, est forcément une puissance militaire, obligée d'avoir toujours en vue la remonte en chevaux de sa nombreuse armée. On peut même dire que cette dernière circonstance est la cause principale de l'immixtion du gouvernement français dans la production chevaline du pays et de la direction qu'il tâche de lui imprimer. Arriver à produire une quantité suffisante de bons

(1) Les connaissances pratiques du cheval sont plus répandues parmi les militaires. Nous avons connu des officiers qui étaient des hippologues distingués.

chevaux de remonte pour son armée — voilà le but fon-
damental du gouvernement français. Et il faut avouer que
ses efforts ne sont pas restés vains, surtout pendant ces
dernières années.

En Angleterre chaque cheval est, pour ainsi dire, créé
par l'initiative spéciale de son producteur et éleveur; de là
une variété infinie dans les chevaux, même parmi ceux
qui sont destinés au même emploi. En France, au contraire, la prédominance d'une direction centrale tend toujours à assimiler les chevaux, à produire, non pas des individus spéciaux, mais des groupes, des familles de chevaux
semblables. C'est là le point capital de la différence entre
les procédés d'élevage des chevaux en France et en Angleterre. C'est grâce à cette différence qu'en Angleterre les
races tendent à disparaître entièrement (1), et qu'en France,
au contraire, il existe une tendance continuelle à en créer
de nouvelles sur les débris des anciennes.

Lequel de deux systèmes si diamétralement opposés est
le meilleur? Les théoriciens peuvent penser, dire et écrire ce
qu'ils veulent, mais l'expérience démontre que tous les deux
sont bons si on les applique avec intelligence.

Les progrès énormes que la France a fait dans la production chevaline pendant les cinquante ou soixante dernières
années, et surtout sous le régime actuel, prouve avec évi-
dence qu'avec son système on peut obtenir des résultats sur-
prenants. Il a suffi à la France de vingt années de paix non
seulement pour renouveler sa population chevaline, mais
pour l'amener à un tel degré de prospérité qu'à présent et
depuis plusieurs années déjà son exportation excède de

---

(1) A l'exception sans doute du pur sang dont la conservation est un objet de
soins particuliers pour les Anglais (voir pages 126-128).

beaucoup l'importation (voir page 162), que la remonte en chevaux de son armée est dorénavant assurée, que dans le pays existent en quantité suffisante toutes les sortes de chevaux qui sont nécessaires à ses besoins, et qu'enfin plusieurs de ces sortes sont devenues célèbres dans le monde entier.

En un mot, la France maintenant n'a rien à envier à l'Angleterre.

Et il faut reconnaître que, pour tous ces résultats, la France est beaucoup redevable à l'énergie et à la persévérance de son gouvernement, notamment de sa Direction des haras et de son Administration des remontes au Ministère de la guerre. Comme nous l'avons déjà dit, le but principal de l'immixtion du gouvernement dans la production chevaline est de fournir de bons chevaux à son armée. L'Administration des remontes influe donc beaucoup sur les décisions de la Direction des haras; en même temps, par les achats plus ou moins considérables de chevaux qu'elle fait chaque année, elle a une influence directe sur l'élevage dans les haras privés. En un mot, les aspirations et les opérations de la Direction des haras et de l'Administration des remontes sont si intimement liées que quand on parle de l'influence de l'une on sous-entend naturellement l'influence de l'autre. C'est dans ce sens qu'il faut comprendre tout ce que nous disons dans le chapitre II de l'influence de l'État sur la production chevaline.

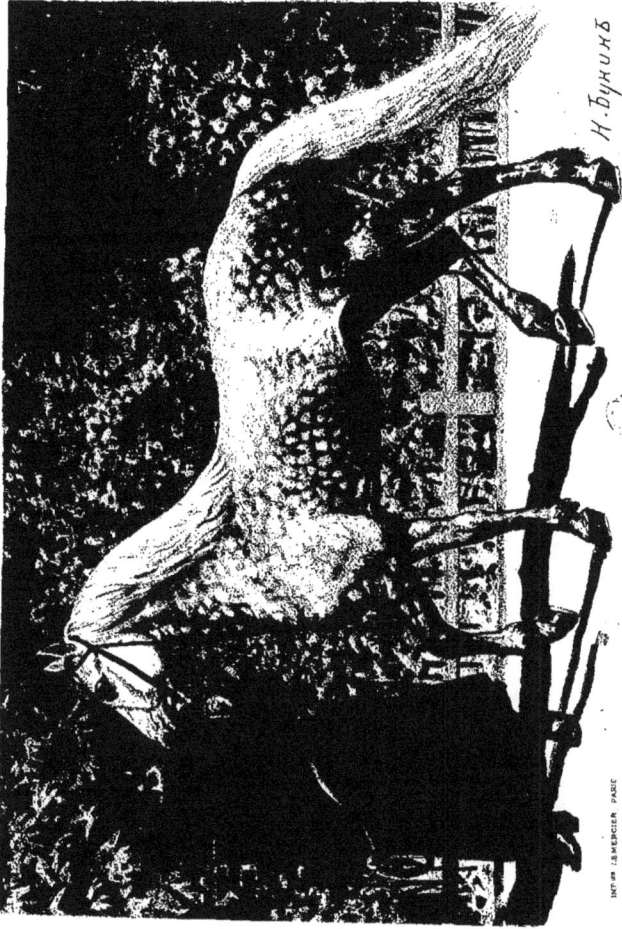

Librairie Agricole de la Maison Rustique

PL. XXII. Collection du Dr I. Simonoff

H. Букинъ

PRAVDINE (8 ans, toille 1m.66)
Étalon trotteur du haras de Mme E. Tenissew.
(Écuries Impériales).

IMP. JH J.B.MERCIER PARIS

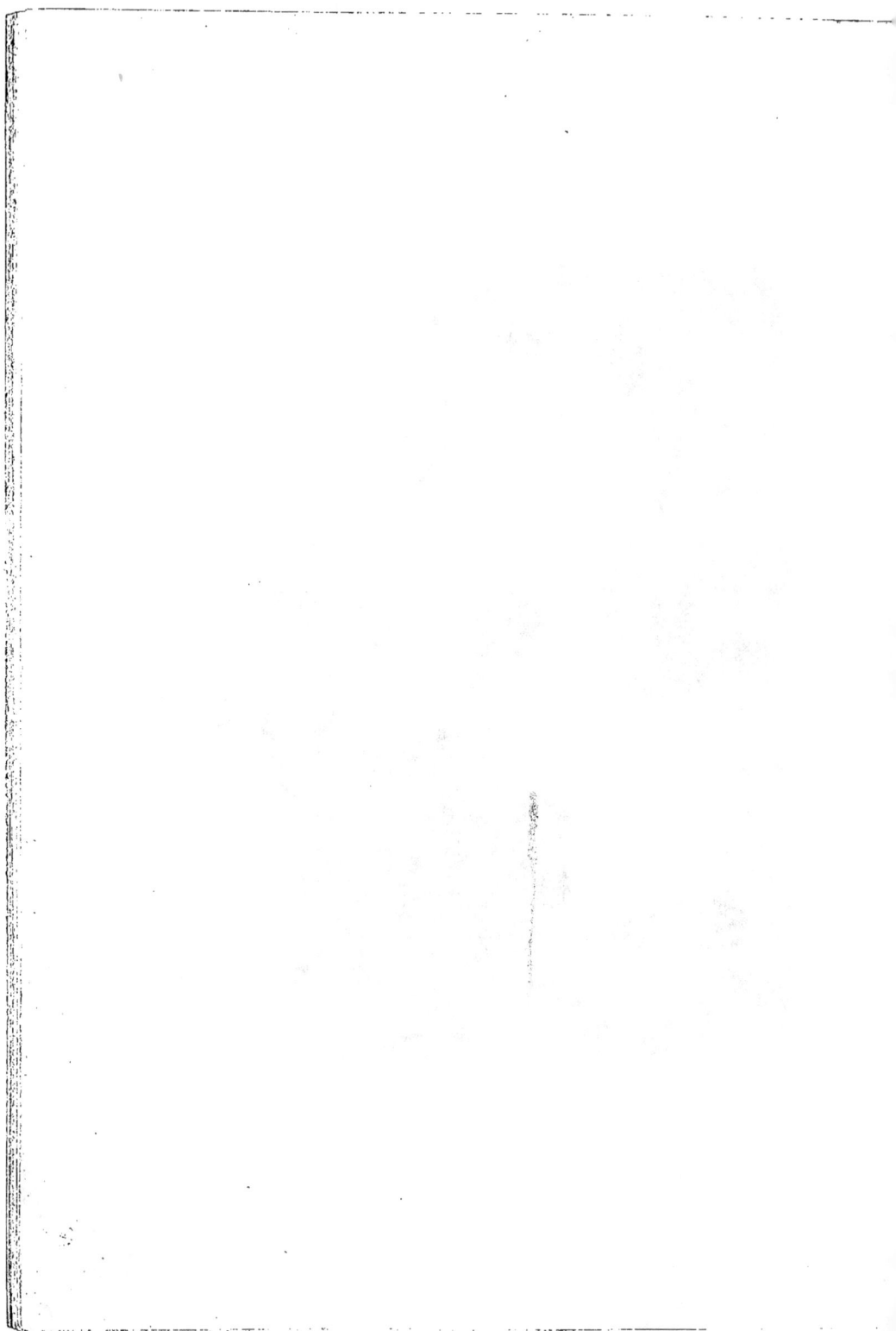

CHAPITRE PREMIER.

Des chevaux de la Gaule ancienne, on sait seulement qu'au temps de César (51-58 avant J.-C.) ils étaient plus grands que ceux des Germains et s'en distinguaient par leurs formes extérieures.

Deux événements eurent une très grande influence sur la population chevaline en France : l'envahissement de la France méridionale par les Arabes au commencement du huitième siècle, et la conquête du nord de la France par les Normands, à la fin du neuvième siècle. Les Arabes, battus par Charles-Martel en 732 et chassés de la France, y laissèrent un grand nombre de chevaux du type oriental ; les Normands amenèrent avec eux des chevaux plus massifs, du type occidental et en fondèrent des haras aux environs de Rouen, de Caen et de Bayeux. Ces événements déterminèrent la différence profonde qui existe jusqu'à présent, entre la population chevaline du nord et celle du sud de la France.

C'est à la période féodale que correspond l'état florissant de la production et de l'élève des chevaux en France. La noblesse, qui fut alors presque indépendante du roi, habita ses domaines et y entretint des haras nombreux et importants. C'est pendant ce temps que furent créées les meilleures races chevalines françaises, tant regrettées depuis.

Avec l'affermissement du pouvoir royal et la disparition de la féodalité, les nobles quittèrent peu à peu leurs terres pour venir entourer le souverain devenu tout-puissant; leurs haras se vidèrent; les races chevalines dégénérèrent graduellement, et le nombre des chevaux diminua si vite que déjà au commencement du seizième siècle, pour remonter la cavalerie on fut obligé d'acheter les chevaux à l'étranger.

Les guerres désastreuses de Louis XIV et de tous ses successeurs jusqu'à Napoléon III, et à la dernière guerre franco-allemande inclusivement, détruisirent périodiquement les meilleurs chevaux. Pour les remplacer, il fallut faire venir annuellement un nombre plus ou moins considérable de chevaux étrangers : de l'Allemagne, du Danemark, de la Belgique et de l'Angleterre.

Des rapports annuels de l'Administration des haras, on peut voir que jusqu'à 1884 l'importation annuelle des chevaux en France surpassait toujours leur exportation à l'étranger. Ce n'est que depuis cette année que l'exportation commence à prévaloir, pour atteindre en 1888, un excédent de 25.818 chevaux; les années suivantes les chiffres de l'exportation diminuent, mais ils restent toujours, de plusieurs mille, supérieurs à ceux de l'importation. Aujourd'hui les chevaux ne manquent plus en France; au dire des officiers français, l'armée française peut désormais se remonter entièrement avec ses propres chevaux, du moins en temps de paix.

L'édit de 1639 représente la première tentative faite par le gouvernement français pour contrôler l'élève des chevaux en France, mais cette tentative resta sans résultats. Ce n'est qu'en 1665 que les bases de ce contrôle furent établies d'une

manière plus stable par Colbert ; depuis ce temps et jusqu'à
nos jours, la direction supérieure de la production chevaline
en France resta toujours entre les mains du gouvernement.

Colbert prescrivit les règles du contrôle gouvernemental
et fonda plusieurs dépôts d'étalons, pour lesquels les chevaux
furent achetés en Allemagne, en Belgique, en Espagne, à
Naples, en Turquie et en d'autres pays étrangers.

A la fin du règne de Louis XIV, fut fondé le premier haras
d'État, *au Pin*, en Normandie (en 1714). Sous Louis XV on
ajouta deux autres haras d'État : ceux de *Pompadour*, dans
le Limousin (en 1745), et de *Rosières*, aux environs de Nancy
(en 1766). Deux étalons danois, offerts à la comtesse Dubarry par l'ambassadeur d'un pays étranger, créèrent la mode
néfaste des chevaux à la tête busquée ; ils furent envoyés
comme reproducteurs en Normandie, et y laissèrent des
traces qui, malheureusement, n'ont pas encore disparu jusqu'à présent, malgré tous les efforts.

Le grand écuyer de Louis XVI, le prince de Lambesc,
se distingua par son énergie et son savoir-faire dans l'élève
des chevaux ; pour le sud de la France, il fit amener d'excellents étalons arabes, et pour le haras du Pin, en Normandie,
il acquit en Angleterre vingt-quatre étalons demi-sang de
premier ordre ; ces derniers étalons peuvent être considérés
comme les premiers fondateurs de la race anglo-normande.

A la veille de la révolution de 1789 la France possédait
quinze dépôts d'étalons et haras appartenant à l'État, et
3.300 étalons reproducteurs. La Révolution balaya tout cela
et arrêta net les progrès de l'élève des chevaux en France.

En 1806, Napoléon Ier créa une nouvelle organisation de la
direction par le gouvernement de la production chevaline en
France ; les traits fondamentaux de cette organisation se
sont conservés jusqu'à présent. Il rétablit les haras du Pin

et de Pompadour et en fonda deux autres à *Pau* et à *Longounet ;* créa trente dépôts d'étalons, deux écoles vétérinaires à Lyon et à Alfort et plusieurs écoles de cavalerie. Mais l'Angleterre étant fermée pour la France pendant toute la durée du premier empire, on fut obligé de se contenter des reproducteurs de second ordre, achetés un peu partout, principalement en Allemagne. Quelques étalons amenés d'Égypte, pour le haras de Pompadour et pour les dépôts du sud de la France, ne produisirent pas de très bons résultats. Du reste, ce que Napoléon Ier donnait d'une main il l'enlevait aussitôt de l'autre. Ses guerres incessantes détruisaient sans relâche tout ce qui se produisait de bon dans l'élève des chevaux, et anéantissaient ainsi toute possibilité de progrès.

La Restauration ne fit presque rien pour la production des chevaux. A partir de 1830, sous Louis-Philippe, on commença de nouveau à acquérir les reproducteurs en Angleterre ; les étalons pur sang et demi-sang amenés de ce pays créèrent peu à peu la race anglo-normande, dont les premiers fondements furent établis, comme nous l'avons dit page 163, sous Louis XVI, par le prince de Lambesc. Au sud de la France, on produisit l'anglo-arabe qui y acquit dans la suite, comme reproducteur, la même importance que l'anglo-normand au nord.

Mais c'est surtout à Napoléon III et au gouvernement actuel qu'on est redevable de la prospérité de l'élève et de la production chevaline, si florissante à présent en France.

Napoléon III divisa la France en arrondissements hippiques dont les directeurs étaient attachés au ministère de la maison de l'empereur et avaient pour chef le directeur-général (pendant longtemps le général Fleury). On faisait de grandes dépenses pour l'acquisition des meilleurs reproducteurs en Angleterre, pour l'encouragement des courses et des concours hippiques, pour la création des écoles de dressage, etc. Sous Napoléon III, le pur sang élevé en France eut la première fois l'honneur de vaincre aux courses son concurrent anglais. Cette circonstance communiqua un grand élan à la production chevaline en France; mais en même temps elle eut un non moins grand inconvénient, celui de trop fixer l'attention publique sur les chevaux de pur sang aux dépens des autres races ; on commença à ne voir le salut que dans le pur sang ; on introduisit les reproducteurs pur sang partout, et, en les employant inconsidérément, on abîma une assez grande quantité de chevaux et de races.

La dernière guerre franco-allemande fut aussi désastreuse pour l'élève des chevaux que pour toutes les autres industries en France. Après elle, il fallut presque tout recommencer.

CHAPITRE II.

ORGANISATION ET INFLUENCE DU CONTROLE DE L'ÉTAT
SUR LA PRODUCTION CHEVALINE (1).

L'organisation actuelle de la Direction des haras en France,
consolidée par la loi de mai 1874, ne diffère que dans
quelques détails de l'organisation créée par Napoléon Ier et
amendée par Napoléon III.

Maintenant la *Direction des haras* est attachée au Ministère de l'Agriculture (sous Napoléon III elle dépendait du
ministère de la maison de l'empereur). Elle est dirigée par
le *Directeur-Inspecteur général des haras* et par le *Conseil
supérieur,* dont les vingt-quatre membres sont nommés par le
Président de la République pour neuf ans, et dont un tiers
doit être renouvelé tous les trois ans. Le Conseil supérieur
émet son opinion sur toutes les questions essentielles de la
production et de l'élève des chevaux; il tient ses séances
au moins deux fois par an, et après chaque séance fait un
rapport qui est communiqué à la Chambre des députés.

Toute la France est divisée en 6 *arrondissements d'ins-
pection générale,* ayant chacun à sa tête un *Inspecteur général.* L'inspecteur du 1er arrondissement réside à Rouen,

(1) Sur l'Organisation, voir l'article de *M. Poncelet* dans le Dictionnaire de l'Administration française (*Maurice Block*). Édition de 1891.

du 2ᵐᵉ à Bourges, du 3ᵐᵉ à Nantes, du 4ᵐᵉ à Agen, du 5ᵐᵉ à Marseille et du 6ᵐᵉ à Compiègne. Les six inspecteurs forment au ministère, sous la présidence du Directeur-Inspecteur général, le *Comité consultatif.*

L'État entretient à ses frais un *haras (jumenterie)* à Pompadour et 21 *dépôts d'étalons nationaux ;* au haras et aux dépôts correspondent 22 *circonscriptions,* dans chacune desquelles on choisit annuellement le nombre nécessaire de *stations de monte ;* parmi celles-ci sont distribués les étalons des dépôts pour servir aux besoins des éleveurs du pays. A Ajaccio, en Corse, il existe une station de monte permanente remplaçant le dépôt. Le haras et le dépôt sont dirigés chacun par un *Directeur* et un *Sous-directeur.* Le directeur publie annuellement dans sa circonscription les annonces indiquant les noms et les races des étalons nationaux destinés aux stations et le prix de saillie de chacun (1).

D'après les règlements, le haras de Pompadour doit avoir annuellement 60 poulinières de pur sang arabe, anglo-arabe et anglais et le nombre nécessaire d'étalons du même sang. Le nombre annuel d'étalons nationaux dans tous les dépôts, fixé d'abord à 2500, doit être élevé progressivement à 3000. Parmi ces derniers en 1891, il y avait 181 pur sang anglais, 104 pur sang arabes, 154 pur sang anglo-arabes, 1696 demi-sang et 322 de trait.

Comme nous l'avons dit, l'État ne possède qu'un seul haras — le haras de Pompadour (dans la Corrèze) — qui produit exclusivement des pur sang arabes et anglo-arabes. En 1891,

(1) En 1891, 142.292 juments ont été saillies par 2457 étalons nationaux et comme prix de saillie le gouvernement a encaissé 981,933 francs, ce qui fait en moyenne 6 fr. 90 par jument. Les prix ordinaires de saillie sont : pour un étalon de trait 8 francs. pour un demi-sang de 8 et 10 à 12 et 15 francs et pour un pur sang de 25 jusqu'à 100 francs.

le haras a produit 24 arabes (10 étalons et 11 juments) et 24 anglo-arabes (9 étalons et 12 juments). Une partie du produit annuel est vendu et l'autre, la meilleure, est conservée au haras pour servir comme reproducteurs. Le haras achète ses étalons et ses juments anglais dans les haras particuliers de France et d'Angleterre.

Les étalons pour les dépôts, à l'exception des arabes et anglo-arabes, produits par le haras de Pompadour, sont tous acquis par le gouvernement chez des éleveurs particuliers.

C'est par les dépôts d'étalons que le gouvernement influe directement sur la production des chevaux en France, et il faut avouer que cette influence est très puissante, puisqu'elle transforme peu à peu toute la population chevaline française dans le sens voulu par le gouvernement.

Mais, en outre le gouvernement influe sur l'élève des chevaux d'une manière indirecte, par la surveillance qu'il exerce sur les étalons privés employés comme reproducteurs, par l'encouragement matériel et moral des courses et des concours hippiques.

La surveillance des étalons se traduit d'abord par l'application de la loi du 14 août 1885, d'après laquelle pour la monte publique peuvent être employés seulement les étalons que les *Commissions sanitaires* (1) ont trouvés *sains,* c'est-à-dire n'ayant ni cornage, ni fluxion périodique. Ensuite, aux meilleurs étalons, à ceux qui sont estimés capables *d'améliorer* la production, le gouvernement délivre les brevets *d'étalons approuvés* (c'est l'élite des étalons privés), et aux étalons de qualités moyennes qui peuvent *maintenir la production* au niveau, les brevets *d'étalons autorisés.*

Les étalons approuvés ont droit aux primes du gouver-

(1) Composées d'un inspecteur général (ou de son délégué) et de deux vétérinaires.

nement 1 , si le prix de leur saillie n'excède pas 100 francs
et si le nombre des juments montées par eux pendant
l'année n'est pas inférieur à un chiffre déterminé (2). Les étalons autorisés ne jouissent pas du droit de primes.

Aux concours régionaux hippiques ne peuvent être exposés
que les produits des étalons nationaux, approuvés ou autorisés ; ceux des étalons munis seulement du certificat de santé
sont privés de ce droit.

En 1891 il y avait 1248 étalons approuvés (153 pur sang,
489 demi-sang et 606 de trait), 149 étalons autorisés (13 pur
sang, 18 demi-sang et 118 de trait) et 5992 étalons munis de
certificat de santé (125 pur sang, 934 demi-sang et 4933 de
trait). Les brevets d'approbation et d'autorisation ainsi que
les certificats sanitaires doivent être renouvelés chaque année.

Il existe en France des *concours hippiques* régionaux et
des concours de poulinières, de poulains et de pouliches.
Les premiers ont lieu en même temps que les concours régionaux d'agriculture ; en 1891 il y en avait 8 (3) ; sur 1152
chevaux exposés 536 ont été primés.

Beaucoup plus importants sont les concours de poulinières,
de poulains et de pouliches (âgés de 1 à 3 ans) ; en 1891 il y
en avait 414 avec 17,107 chevaux exposés, dont 9,012 furent
primés.

En outre, le gouvernement, sur la recommandation des
inspecteurs généraux, accorde des primes aux juments arabes

(1) De 800 à 2,000 francs pour les pur sang ; de 500 à 1500 pour les demi-sang,
et de 300 à 500 pour les étalons de trait.
(2) Ce chiffre ne doit pas être inférieur pour les pur sang à 30, pour les demi-
sang à 40 et pour les étalons de trait à 50. Si le chiffre est moindre, la valeur
de la prime est diminuée proportionnellement ; mais s'il est inférieur à la moitié,
la prime n'est pas accordée du tout.
(3) A Pau, à Bar-le-Duc, à Avignon, à Bourg, à Versailles, à Niort, à Aurillac
et à Saint-Brieuc.

ou anglo-arabes qui ont produit des poulains du même sang.

Il y a trois sortes *de courses* en France : les *courses plates*, les *courses à obstacles* ou *steeple-chases* et *les courses au trot* (attelés et montés). En 1891 les courses existaient en 277 localités et occupaient 652 jours. Toutes les courses sont entretenues par les sociétés privées, mais, à l'exception des courses à obstacles, toutes sont plus ou moins subventionnées par l'État (1).

Pour les primes et pour les dotations aux sociétés de courses, l'État dépense annuellement environ 2 millions de francs auxquels il faut ajouter encore 50.000 francs pour l'Algérie.

La population chevaline en France, depuis beaucoup d'années, se maintient approximativement au même nombre de 3 millions. En supposant qu'elle se renouvelle plus ou moins complètement tous les dix ans, il faut évaluer le produit de la monte annuelle à 300.000 têtes. Calculant le nombre de naissances égal à 60 % des juments montées (2), on arrive au chiffre annuel de 500.000 juments saillies ; mais comme une partie des produits périt, on peut porter ce chiffre au moins jusqu'à 600.000. D'après le rapport du Directeur des haras, 3.826 étalons nationaux, approuvés et autorisés en 1891 ont sailli 215.389 juments. Pour arriver à 600.000 il manquait 384.611 ou en chiffre rond environ 400.000 juments, lesquelles devaient être saillies par d'autres étalons, dont 5992 avaient été trouvés sains (non atteints de cornage ou de fluxion périodique), mais impropres au maintien du niveau de la population chevaline, et enfin une quantité d'étalons, en nombre certainement beaucoup plus grand, étaient restés

---

(1) Toutes les courses sans exception sont subventionnées par les départements ou les villes.

(2) Calcul accepté par la Direction des haras en France.

inconnus ; parmi ces inconnus il pouvait y avoir de bons exemplaires, mais la plupart étaient probablement inférieurs même aux étalons trouvés simplement sains.

Ainsi le mouvement de l'amélioration progressive ne se fait jusqu'à présent que dans un tiers de la population chevaline de la France ; les deux autres tiers, s'ils ne s'empirent pas, restent du moins stationnaires. Mais si le système continue à être appliqué avec la même persévérance et le même savoir-faire, le nombre d'étalons approuvés augmentera progressivement chaque année et avec lui s'étendra proportionnellement le champ d'amélioration. Dans tous les cas, les résultats obtenus sont déjà très grands, car parmi tous les États de l'Europe il n'y a peut-être que l'Angleterre qui puisse se vanter d'une proportion plus grande de chevaux améliorés. On pourrait ajouter encore la Belgique, mais là les chevaux sont d'un type tout à fait différent et d'un nombre comparativement trop restreint.

Parmi les 3.826 étalons nationaux, approuvés et autorisés de 1891, il y avait 314 pur sang anglais, 108 arabes, 179 anglo-arabes, 2.188 demi-sang et 1.037 de trait. Comme ces rapports numériques entre les étalons de différentes races se maintiennent approximativement les mêmes déjà depuis plusieurs années, on peut considérer les chiffres de 1891 comme indiquant assez fidèlement le *sens* dans lequel se produit l'amélioration et la transformation de la population chevaline en France.

Les étalons pur sang anglais sont disséminés par toute la France ; en partie, ils servent pour la conservation de la race même et pour la création des anglo-arabes ; mais leur destination principale est de créer ou d'améliorer les demi-sang. Les étalons arabes et anglo-arabes sont employés surtout dans la France méridionale : d'abord pour la conservation des

deux races, ensuite pour l'amélioration des chevaux de selle
légers et la création des demi-sang.

Numériquement ce sont les étalons demi-sang qui prédominent et c'est surtout sous leur influence que se produit la
régénération de la population chevaline de France. La plupart sont d'origine normande, c'est-à-dire anglo-normands;
beaucoup moins nombreux sont ceux de l'ouest de la France,
— anglo-bretons ou anglo-poitevins. — Dans le Midi, c'est
l'étalon de Tarbes ou de la race bigourdane améliorée qui
joue le rôle principal.

Après les demi-sang, le plus grand nombre d'étalons reproducteurs appartenaient aux races indigènes de trait,
principalement aux races boulonnaise et percheronne. Les
bretons sont devenus rares. Les étalons poitevins servent
presque exclusivement à la conservation de la *race mulassière* (voir page 190).

D'après le nombre et les qualités des chevaux on peut
diviser la France en deux parties inégales : la partie du nord
et celle du sud. La partie du nord est plus petite, mais elle
possède les centres de production chevaline les plus importants. Les chevaux du nord sont plus grands de taille et par
leurs formes s'approchent plutôt du type occidental : les
boulonnais, les percherons, les demi-sang anglo-normands, etc. Les chevaux de la partie sud sont, au contraire,
plus petits et portent tous les signes distinctifs du type
oriental.

Cette division géographique de la production chevaline en
France correspond entièrement à la différence du sol, du
climat et de l'origine primitive des chevaux des deux parties
(voir page 161).

Progressivement la plupart des chevaux en France deviennent demi-sang. Dans la partie du nord c'est l'infusion directe

ou indirecte du pur sang anglais qui produit cette transformation. Dans la partie du sud, le sang anglais a influé et influe
encore, mais c'est surtout le sang arabe qui prédomine,
d'autant plus que les chevaux du sud de la France sont les
descendants directs de cette race.

Au dix-huitième siècle, la France possédait encore plusieurs races indigènes, créées pendant les temps féodaux :
les races ardennaise, normande, bretonne, flamande, lor-
raine, franc-comtoise, limousine, navarrine, landaise, etc.
Mais la plupart de ces races anciennes ont disparu ; en revanche, d'autres races nouvelles se sont formées ou sont en
voie de formation.

Maintenant on produit en France des chevaux pur sang,
des demi-sang et quelques races indigènes.

Parmi les pur sang, le cheval anglais de courses, l'arabe
et l'anglo-arabe.

Des races indigènes anciennes sont encore conservées : la
landaise, la camargue, la poitevine et quelques restes de
la race bretonne. Des races indigènes d'une formation nouvelle sont connues : la race boulonnaise, la race percheronne et la race navarrine ou bigourdane améliorée, que
l'on appelle aussi la race de Tarbes.

En Algérie on élève les barbes.

Les demi-sang sont à présent les chevaux les plus répandus
en France, comme du reste, dans la plupart des autres pays de
l'Europe occidentale. Parmi eux la première place est occupée
par les anglo-normands, ces chevaux si connus maintenant,
et de la création desquels la Direction des haras peut être
réellement fière.

CHAPITRE III.

LES PUR SANG EN FRANCE.

Les pur sang anglais.

On commença à apprécier les pur sang anglais en France lors de l'introduction dans ce pays des courses à la manière anglaise, c'est-à-dire vers la fin du siècle dernier ; mais c'est surtout Napoléon III qui les mit en vogue ; c'est sous son règne que l'on fonda les premiers haras pour la production du pur sang en France, et l'on procéda si heureusement, que bientôt les pur sang d'origine française purent concourir avec succès même sur les hippodromes de l'Angleterre. On se souvient encore des victoires de *Gladiateur,* de *Fille-de-l'Air* et de plusieurs autres.

Maintenant les courses, ou plutôt les paris qui les accompagnent, sont tellement entrés dans les mœurs françaises, que la production des pur sang en France n'exige plus aucune protection de la part du gouvernement, qui cependant continue encore à doter les courses plates d'une certaine subvention annuelle (169,050 francs en 1891). Mais en général toutes les courses en France sont entretenues et dirigées par des sociétés privées, parmi lesquelles les plus importantes sont : « La Société d'encouragement, » connue aussi sous le nom de « Jockey-Club, » et « la Société générale des steeple-chases en France ». Toutes les deux à Paris ; la première pour les courses plates, la seconde pour les courses à obstacles.

Il existe à présent, en France, environ une cinquantaine de haras privés pour la production des pur sang anglais ; la plupart aux environs de Paris, par exemple, plusieurs à Chantilly et aux alentours. Il y en a aussi dans l'ouest et le sud de la France, mais très peu. A l'exception des très petits, chaque haras a une écurie d'entraînement avec un entraîneur, des jockeys et des grooms (*lads*), tous anglais. Les petits haras envoient leurs chevaux pour l'entraînement aux entraîneurs publics, parmi lesquels plusieurs sont devenus célèbres (1).

Le but principal des propriétaires de haras est sans doute de produire des chevaux pour les courses ; mais en même temps ils fournissent l'élément nécessaire pour la création et l'amélioration des demi-sang. En général tout se fait à la manière anglaise. Les haras de quelques-uns des propriétaires sont même divisés en deux sections : une en France et l'autre en Angleterre.

Le nombre des pur sang en France s'élève à présent probablement à plusieurs mille.

La fig. 42 représente un pur sang anglais d'origine française.

Les pur sang arabes.

Les arabes sont élevés principalement dans la moitié méridionale de la France ; le haras d'État à Pompadour (voir

(1) Par exemple les différents membres de la famille *Carter*. Nous avons eu le plaisir de voir quelques-unes de ces écuries publiques, dont celle de Monsieur *Richard Carter*, à Compiègne, nous a impressionné particulièrement.

page 167) en est le centre. Les arabes servent en partie pour la conservation de la race arabe, en partie pour l'amélioration directe des chevaux de selle indigènes, mais principalement pour la création des anglo-arabes.

De temps en temps on rafraîchit la race par l'achat des reproducteurs en Orient. Tout récemment on en a importés vingt pour le haras de Pompadour : 14 étalons et 6 poulinières.

Les pur sang anglo-arabes.

On produit les anglo-arabes aussi dans d'autres pays de l'Europe, par exemple en Allemagne et en Autriche-Hongrie. On en élevait autrefois chez nous, en Russie, et même de très beaux ; les races de selle orlowe et rostoptchine en fournissaient des échantillons magnifiques (voir les fig. 38 et 39). Mais nulle part la production des anglo-arabes n'est et n'a été menée d'une manière aussi régulière et systématique qu'en France. C'est pourquoi la prétention de certains hippologues français de donner aux anglo-arabes le nom de *purs sang français* pourrait être juste, si les anglo-arabes français représentaient une race distincte, uniforme, une race qui ne se multipliât qu'en elle-même et par elle-même, comme celle des pur sang anglais ou même celle des trotteurs russes. Mais en réalité, les anglo-arabes français ne sont pas semblables entre eux ni par leurs formes extérieures, ni par leur origine. Dans les uns prédominent les formes et le sang anglais, dans les autres, au contraire, est très visible la prépondérance de la race arabe — et tout cela dans des degrés très variables. A côté de la propagation des anglo-arabes en eux-mêmes, on continue la production par le croisement direct des chevaux de deux races originaires, arabe et anglaise ; on améliore les uns par les autres.

ALDIA   (3 ans, taille 1.m.565)
Jument trotteuse du haras du Comte J. J. Voronzow-Dachkow.
Fille de Poduga (Pl. XXIII).

IMP.ᵉ LEMERCIER, PARIS

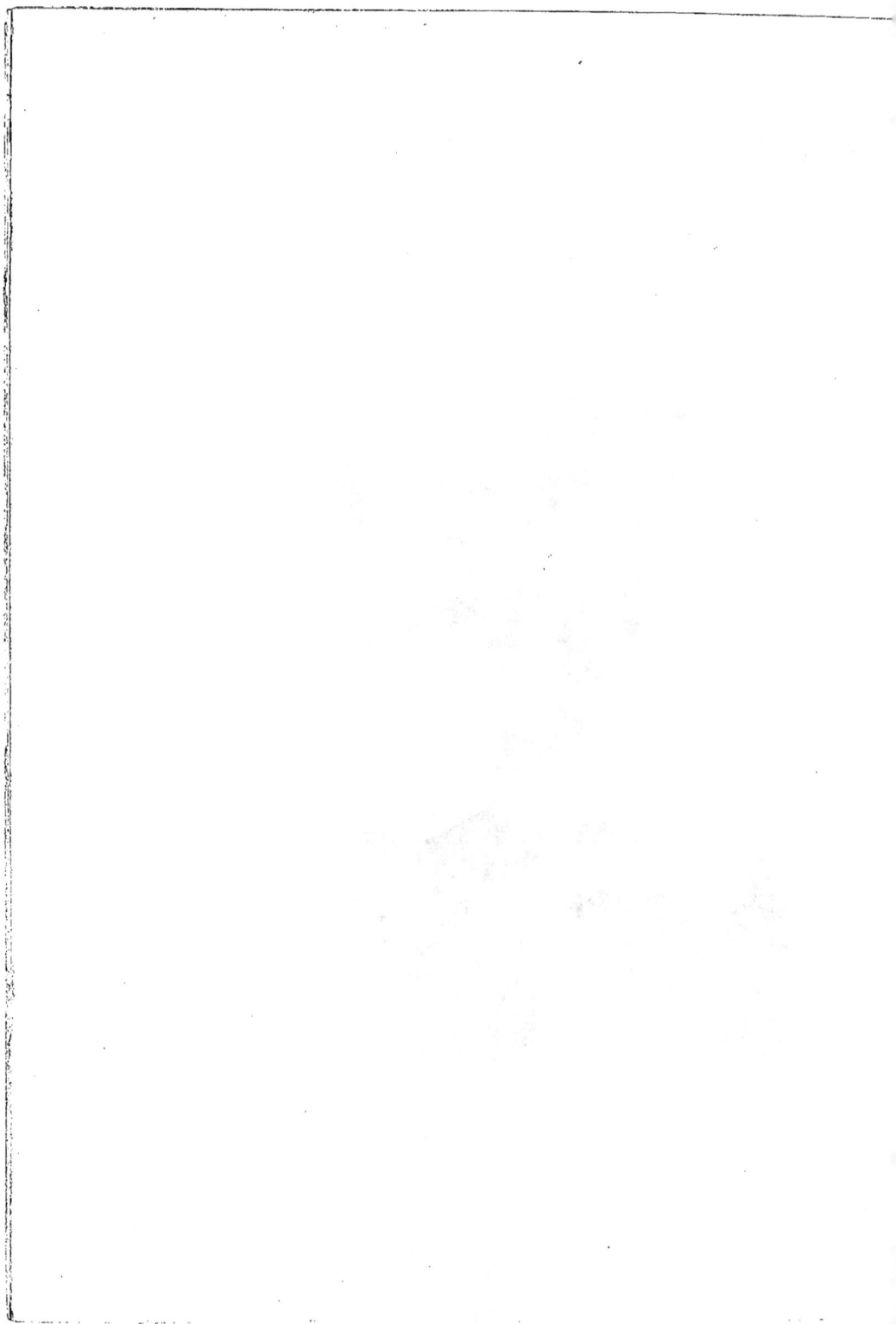

Précisément à cause de cette variété d'origine et de formes, il est impossible de faire une description générale de l'anglo-arabe français. On peut dire cependant qu'il représente un cheval moyen entre le pur sang anglais et le pur sang arabe.

Fig. 50. — *Capitaine III*, anglo-arabe, entraîné pour les courses; a gagné plusieurs prix aux courses d'obstacles.

D'après la photographie de J. Delton (*Photographie hippique*).

Il est ordinairement plus grand que celui-ci et plus petit que celui-là; plus corsé, plus harmonieusement constitué, plus endurant et plus résistant que l'anglais, mais moins rapide que ce dernier et moins beau que l'arabe.

La fig. 50 représente un anglo-arabe dans lequel les formes de la race anglaise prédominent. C'est l'anglo-arabe de ce type que l'on préfère pour le sport, par exemple pour les courses à obstacles et même pour la chasse à courre. Au contraire, pour le service militaire et en général pour tous les exercices dans lesquels la durée joue le rôle principal, sont plus propres les anglo-arabes ayant plus de sang arabe qu'anglais, par exemple les deux tiers ou même les trois quarts de sang arabe.

La jumenterie de Pompadour est le centre de la production anglo-arabe. On y maintient annuellement 60 poulinières, parmi lesquelles en 1894 il y avait 14 pur sang anglais, 28 pur sang arabes et 18 anglo-arabes. Les étalons du dépôt annexé au haras appartiennent aux trois mêmes races, et servent d'abord pour les besoins du haras, et puis sont distribués aux différentes stations dépendant du dépôt. Dans le midi de la France, il existe encore quelques petits haras privés qui produisent des anglo-arabes, surtout dans la région des Pyrénées.

Les anglo-arabes réussis sont de très bons et très beaux chevaux; mais leur importance pour la France est surtout dans le rôle qu'ils jouent comme améliorateurs des races chevalines du Midi, comme reproducteurs des demi-sang, dont celui de Tarbes, ou bigourdan amélioré, est devenu célèbre (voir page 195).

CHAPITRE IV.

Les boulonnais.

Les boulonnais représentent maintenant les chevaux les plus typiques de trait et surtout de gros trait. Mais ce n'est que du commencement de notre siècle que les boulonnais ont acquis peu à peu les formes qui les distinguent aujourd'hui. Pendant le siècle dernier ils conservaient encore les caractères des destriers du temps de la chevalerie, c'est-à-dire que c'étaient encore des chevaux de selle, bien que très lourds.

Le centre de la production des chevaux boulonnais est le département du Pas-de-Calais, surtout les environs de Boulogne-sur-Mer, la ville dont ils portent le nom. Mais on les élève aussi dans les départements de la Somme, du Nord, de la Seine-Inférieure et dans les parties limitrophes des départements voisins. Comme chevaux de trait ils sont répandus partout dans le nord de la France et viennent annuellement en grand nombre dans Paris.

Le boulonnais se distingue par sa corpulence athlétique et son tempérament doux et docile, mais un peu mou. Sa taille est entre 1^m,60 et 1^m,70. Sa tête n'est relativement pas grande, mais forte, avec des ganaches massives et le chanfrein ordinairement droit; les yeux et les oreilles petits. L'encolure grosse et musculeuse est assez courte et ornée d'une crinière touffue, mais pas longue. La poitrine est ample et large; le garrot bas et charnu, le dos aussi un peu bas,

Fig. 51. — *Picquigny*, boulonnais, étalon au haras du Pin.
D'après la photographie de J. Delton (*Photographie hippique*).

mais le rein est fort et court, ainsi que la croupe qui est arrondie, charnue et très souvent double; la queue, attachée assez bas, est touffue, mais pas longue. Les épaules sont peu inclinées. Le corps en général est court et cylindrique avec les côtes bien cerclées; il est supporté par des membres relativement courts, mais très robustes, bien musclés et articulés. Les canons sont courts, les paturons d'une longueur moyenne; les sabots solides. Les robes sont variées, mais le gris prédomine; il y a cependant beaucoup de bais et de rouans; depuis ces derniers temps on tâche de produire des noirs.

On distingue deux variétés de chevaux boulonnais : une, qui a les caractères typiques de la race et à laquelle le nom de *boulonnais* s'applique spécialement, est plus petite de taille et moins grosse en général, a le tempérament et les mouvements plus vifs et l'extérieur plus noble. L'autre, que l'on pourrait appeler variété de *Bourbourg,* est plus grande, plus grosse, plus lourde et plus molle; elle est le résultat des croisements avec la variété flamande belge. Les chevaux de la première variété sont assez bons trotteurs; ceux de la seconde ne sont bons que pour le pas. On ne produit la variété bourbourienne que dans le département du Nord, dans les contrées voisines de la Belgique; mais à présent elle disparaît de plus en plus en se confondant avec la variété boulonnaise, qui répond beaucoup mieux aux besoins du temps.

La fig. 51 représente le cheval boulonnais de la variété boulonnaise.

Les percherons.

Le *Perche,* qui a donné son nom aux percherons, est une petite contrée couverte de collines, très fertile et très riche en pâturages, située dans les parties limitrophes de trois départements voisins : de l'Eure, de l'Orne et de l'Eure-et-Loir.

Un savant français (1) décrit les percherons sous le nom

(1) André Sanson, *Traité de Zootechnie,* t. III, Paris, librairie agricole de la Maison Rustique.

de *race séquanaise* [1] et croit qu'ils existaient de temps
immémorial dans les contrées du bassin de la Seine, et que
par conséquent la race percheronne est une des plus anciennes de la France. Il base son opinion principalement sur la
ressemblance du crâne des percherons avec un crâne qui a
été trouvé, en 1868, parmi des débris de la faune quaternaire
dans les sablières de Grenelle. La plupart des hippologues
ne partagent pas cette opinion. Ils pensent, au contraire,
que la race percheronne est d'origine tout à fait récente.
En effet, les percherons ne sont connus que depuis le
commencement de notre siècle. Avant cette époque, les habitants du Perche élevaient et employaient plutôt des bœufs
que des chevaux. D'après un des hippologues les plus distingués de France, dont le nom [2] a une grande autorité,
les percherons sont le résultat du croisement entre elles
des races voisines du Perche, principalement de la race boulonnaise avec la race bretonne, avec lesquelles le percheron a
réellement une grande ressemblance. Pour s'en convaincre,
il n'y a qu'à comparer entre elles les figures 51, 52, 53 et 54
et la planche XXXII. Dans le mélange il y a sans doute aussi
du sang d'autres races, par exemple des races normande et
poitevine; le demi-sang anglais y a eu sa part aussi. Mais
c'est à l'infusion du sang oriental et principalement à l'influence assez prolongée de deux étalons arabes gris, qui
vers 1820 avaient fonctionné dans le Perche, qu'il faut attribuer ce cachet particulier, cette distinction qui caractérise
le percheron, notamment le percheron postier.

Dans les percherons, comme dans les boulonnais, on distingue deux variétés : *gros percheron* (fig. 52) et *petit per-*

_____

(1) Du nom latin de la Seine.
(2) Eug. Gayot. Voir L. Moll et Eug. Gayot, *la Connaissance générale du cheval;* Paris, librairie de Firmin-Didot, 1883.

cheron ou *percheron postier* (fig. 53 et planche XXXII). Le premier ressemble plus au boulonnais (fig. 51) et le second au breton (fig. 54). Le petit percheron (fig. 53 et pl. XXXII) est très ennobli par l'infusion directe ou indirecte du sang pur ; dans

Fig. 52. — *Courgeon*, gros percheron, étalon au haras du Pin.
D'après la photographie de J. Delton (*Photographie hippique*).

le gros percheron l'influence du pur sang est beaucoup moins évidente.

Certains hippologues prétendent que l'on peut transformer et que l'on transforme souvent en percherons de jeunes sujets d'autres races parentes, par exemple des poulains

boulonnais, par une simple *percherisation,* c'est-à-dire en
les soumettant, dès leur enfance, au régime des percherons
nés dans le pays. Ils assurent que la transformation devient
si complète que les chevaux ainsi *percherisés* ne se distinguent en rien des percherons nés des familles de ce nom.
Mais, d'après les renseignements puisés par nous chez des
personnes qui connaissent bien les habitudes des éleveurs
percherons, cette assertion est absolument fausse et n'est
basée sur aucun fait authentique.

Comme nous l'avons dit, le Perche est le centre de la production et de l'élève des percherons ; mais les rayons de ce
centre grandissent progressivement, et ils sont beaucoup
plus étendus maintenant qu'il y a quelques dizaines d'années.
Les localités principales de la production des percherons
sont : Mortagne, Bellesmes, Nogent-le-Rotrou, Saint-Calais,
Courtalain et Mondoubleau ; mais l'éducation et l'élevage
des poulains nés dans les endroits indiqués ont lieu surtout
dans la plaine de Chartres. Cette ville est donc très com-
mode pour celui qui veut étudier ou acquérir des percherons.

Le *gros percheron* (fig. 52) ressemble, comme nous l'avons
dit, au boulonnais (fig. 51) et en provient indubitablement.
Il est de la même taille que la grande variété du boulonnais ; c'est-à-dire qu'il dépasse ordinairement 1^m,60 ; il a la
même corpulence lourde, mais les membres comparativement plus longs et les formes un peu plus nobles ; son tempérament est souvent plus vif et ses mouvements plus alertes,
bien que le pas soit aussi son allure normale. Le gris et le
gris pommelé sont les robes les plus fréquentes ; mais on
produit aujourd'hui beaucoup de percherons aux robes foncées, bais ou noirs (voir page 186).

Le *petit percheron* ou *percheron postier* (voir fig. 53 et pl.
XXXII) a reçu son dernier nom de l'emploi qu'il a eu avant

И. Бунин

VOR (3 ans, taille 1^m 581)
Étalon trotteur du haras du Comte A. V. Voronzow-Daschkow.
Fils de Poltava (Pl. XXIII).

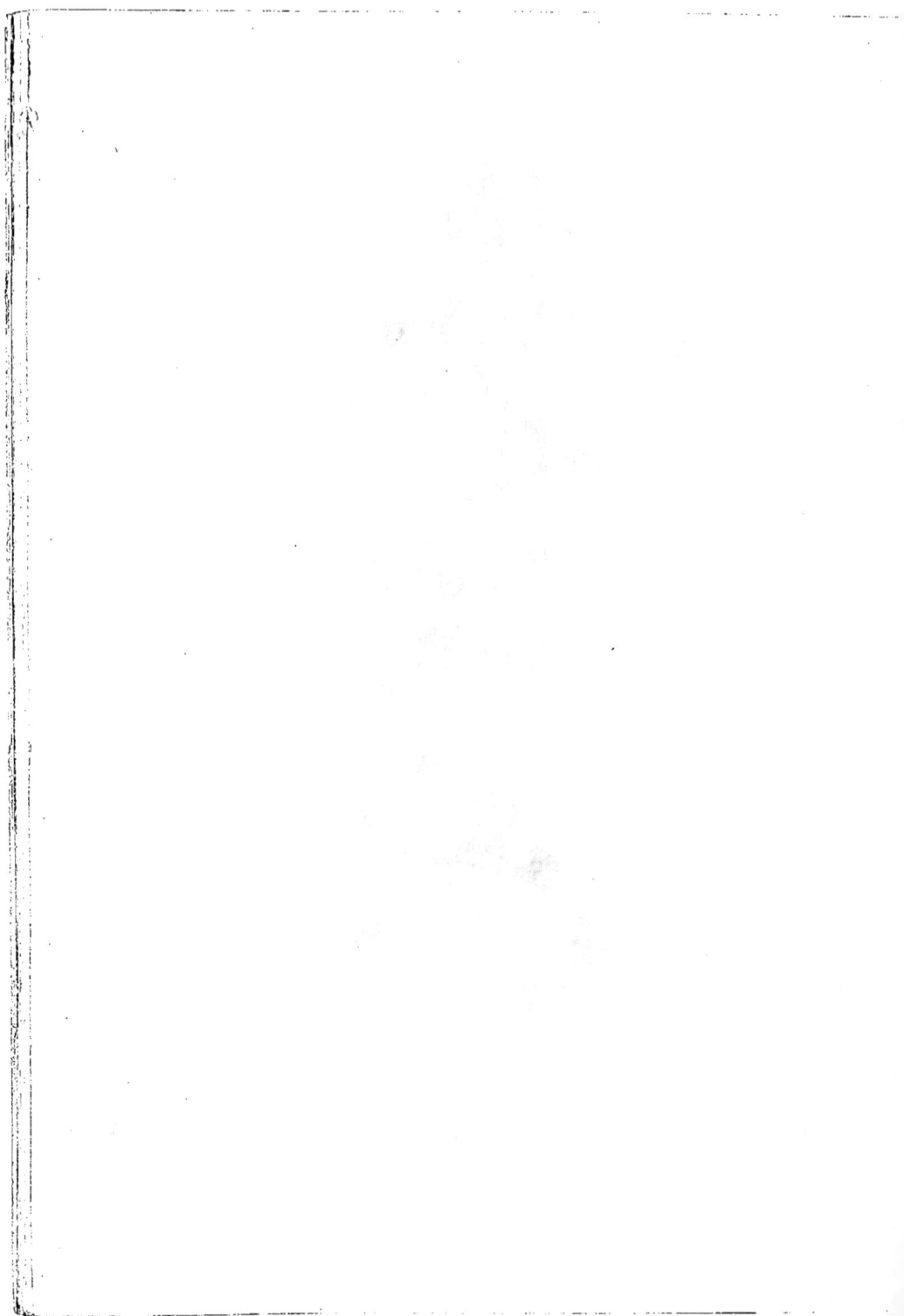

les chemins de fer. C'est la variété la plus utile des percherons. Par ses formes, il rappelle l'ancienne race bretonne de
trait (fig. 54), mais beaucoup ennoblie. Sa taille va de 1^m,56
à 1^m,60, rarement au-dessus ou au-dessous ; sa constitution

Fig. 53. — *Vidocq*, percheron postier; étalon au haras du Pin.
D'après la photographie de J. Delton (*Photographie hippique*).

est très harmonieuse et même élégante ; la tête souvent noble
(fig. 53 et pl. XXXII) avec des yeux vifs, mais ordinairement pas assez grands ; les oreilles petites. L'encolure est
courte, mais ni lourde ni trop charnue, ornée d'une belle
crinière. Le garrot est plus haut que chez le gros percheron.

Les épaules sont fortes, mais plutôt droites qu'obliques; le dos n'est pas long, le rein est large et robuste, la croupe musculeuse, arrondie et avalée avec une queue attachée bas; le corps d'une forme cylindrique, avec des côtes bien cerclées. Les membres, relativement hauts, robustes, sont très bien musclés et articulés. Les pâturons, courts, sont garnis de petits fanons; les sabots sont solides. Les robes sont gris, gris-pommelé et bai, plus rarement noir, alezan et rouan. Trotte bien.

Malheureusement, sous l'influence des acquéreurs étrangers, surtout des Américains, exigeant le gros et la taille, le percheron postier devient de plus en plus rare et cède graduellement la place au gros percheron. Et c'est dommage, car c'est précisément le petit percheron qui fait la gloire de la race.

Sous les mêmes influences, on tâche maintenant de produire des percherons aux robes foncées, bais et noirs; pour cela on est obligé d'avoir recours aux reproducteurs étrangers à la race et d'entamer ainsi l'intégrité de celle-ci.

Beaucoup de percherons viennent annuellement à Paris. Les compagnies parisiennes des omnibus en emploient seules environ 15.000. Un grand nombre est exporté à l'étranger, en Angleterre, en Allemagne et, pendant les dix dernières années surtout, en Amérique.

Les bretons.

Les chevaux de la Bretagne ont toujours joui d'une bonne réputation. A en juger d'après leur conformation, ils sont probablement tous issus de la même source; mais les influences inégales du sol et de l'emploi, les divisèrent bientôt en deux grands groupes : les chevaux de plaines du littoral, grands et robustes, et les chevaux de montagnes, beaucoup plus petits et plus légers. Les groupes se décomposèrent à leur tour en plusieurs variétés locales.

Parmi les chevaux de grande taille, deux variétés principales étaient très connues : la variété de Léon et la variété du Conquet.

Fig. 54. — Étalon *breton*, 1ᵉʳ prix à l'exposition de Billancourt en 1867.
D'après la photographie de J. Delton (*Photographie hippique*).

Les chevaux de la *variété de Léon* étaient élevés au nord de Brest dans les départements du Finistère et des Côtes-du-Nord; Saint-Pol-de-Léon fut le centre de la production. C'étaient de grands chevaux de trait. Leur taille était entre 1ᵐ,50 et 1ᵐ,66; leur conformation massive, mais bien proportionnée ; la tête carrée, un peu lourde et souvent légèrement camuse, mais expressive et assez belle; les yeux grands, les joues et les ganaches charnues. L'encolure n'était pas lourde, quoique épaisse; la crinière était ordinairement double. Le dos était horizontal, le rein court, large et fort; la croupe musculeuse, double et avalée, avec une queue touffue et attachée bas; le corps court et cylindrique avec les côtes bien arquées; les épaules volumineuses et droites; les membres secs et vigoureux, garnis d'articulations bien développées, mais ayant les tendons souvent mal détachés. Les paturons, courts, étaient ornés de longs fanons. Les sabots étaient grands et larges. Les robes étaient gris de différentes nuances, assez souvent bai ou rouan et très rarement noir. Le tempérament était doux, mais énergique; les mouvements courts, mais vifs.

Les chevaux des environs de Saint-Pol-de-Léon étaient en général les plus gros et les plus grands. Dans les régions situées plus loin à l'est, dans le département des Côtes-du-Nord, près de Saint-Malo et de Lannion, la taille des chevaux dépassait rarement $1^m,58$ et souvent descendait jusqu'à $1^m,52$ et même jusqu'à $1^m,48$; mais leur conformation devenait d'autant plus compacte et leur tempérament d'autant plus énergique. Leur défaut était d'être sujets à la fluxion périodique.

La fig. 54 représente un cheval breton de la variété de Léon des environs de Saint-Malo.

La variété du Conquet, qui était élevée au sud-ouest de Brest, près de Saint-Renan, Trebahu et le Conquet, se distinguait de la variété de Léon principalement par sa taille moins élevée, ordinairement moins de $1^m,51$ et par sa constitution plus trapue et plus compacte. Le bai et l'alezan étaient les robes prédominantes des chevaux de cette variété; plus rarement le noir.

La variété du Conquet faisait la transition aux *chevaux de montagne* de Bretagne, connus sous les noms de *bidets* et de *doubles bidets*. D'après leur conformation, c'étaient les mêmes chevaux, seulement encore plus petits, plus trapus et plus compactes; leur taille ne dépassait jamais 1^m,48 et ordinairement restait entre 1^m,33 et 1^m,42. Les variétés de Guingamp, de Loudéac et surtout celle de Carhaix étaient les meilleures.

Dans les landes de Bretagne, il existait une population de petits poneys demi-sauvages secs, anguleux et très résistants, une population analogue à celle qui habite encore à présent dans les Landes et la partie méridionale de la Gironde (voir plus bas — *Les landais*).

A présent, de toutes ces races primitives de la Bretagne il n'existe que des restes épars par-ci par-là dans le pays. Tout est plus ou moins changé et transformé. Déjà depuis plusieurs dizaines d'années, la population chevaline de la Bretagne subit le même procédé d'amélioration par le pur sang qui se répand progressivement dans toute la France. On a essayé le pur sang arabe, anglo-arabe et surtout le pur sang anglais, puis les demi-sang. Mais jusqu'à présent, on n'a pu arriver dans la Bretagne à des résultats aussi distincts qu'en Normandie. On n'a pas encore créé des anglo-bretons que l'on pût considérer comme équivalents des anglo-normands. La transformation chevaline en Bretagne est, pour ainsi dire, encore dans le stade de fermentation, et c'est l'avenir qui en montrera les résultats finals. Les anglo-bretons que nous avons eu l'occasion de voir, n'avaient rien de caractéristique; ils ressemblaient beaucoup aux anglo-normands, ce qui du reste n'est pas étonnant, car le demi-sang anglo-normand joue maintenant dans la Bretagne, ainsi que partout en France, un rôle prépondérant

comme reproducteur et régénérateur. On dit que les meilleurs résultats jusqu'à présent ont été obtenus avec des reproducteurs norfolks.

Les chevaux du Poitou.

Les chevaux indigènes du Poitou descendent directement
des chevaux hollandais qui furent importés dans ce pays,
sous le règne de Henri IV, par un ingénieur hollandais,
appelé par Sully pour diriger les travaux de dessèchement
des marais qui s'étendaient entre l'embouchure de la Loire
et celle de la Charente. Les marécages furent transformés en
prairies pareilles à celles qui nourrissaient les chevaux hollandais dans leur pays natal, c'est-à-dire humides et cou-
vertes d'herbes hautes, succulentes, mais grossières. Les
descendants de ces chevaux se retrouvèrent donc dans les
mêmes conditions d'élevage que leurs parents dans leur
patrie primitive.

Par cette raison, les chevaux poitevins conservent jusqu'à présent la plupart des caractères de leurs ancêtres,
et par leur extérieur rappellent beaucoup le cheval hollandais représenté par la fig. 71.

Même tête longue, étroite et un peu busquée au chanfrein ; même encolure haute et arquée; le dos long et légèrement concave, la croupe allongée et avalée avec une
queue touffue mais attachée bas; mêmes membres longs
relativement grêles, aux sabots larges et plats, aux fanons
longs et touffus. Mêmes robes prédominantes : noir ou bai-
brun.

Autrefois, la race poitevine était répandue en Vendée,
dans les départements des Deux-Sèvres, de la Charente,

de la Charente-Inférieure et de la partie méridionale de la
Loire-Inférieure. Les juments poitevines étaient considérées
comme exceptionnellement propres à la production des mulets ; c'est pourquoi toute la race a reçu le nom de *race mulassière*. Aujourd'hui, il ne reste que de rares sujets de la
race poitevine pure dans les marais de la Vendée ; en général, elle disparaît rapidement sous la même influence de
l'amélioration par le croisement, qui règne maintenant partout en France.

Depuis quelque temps, elle a été déjà légèrement mélangée
avec la race bretonne de trait. Mais ce sont surtout les reproducteurs anglais pur sang et demi-sang anglo-normands
qui ont fait subir à la race de très grands changements.
Avec leur concours, les chevaux poitevins se transforment
peu à peu d'après le modèle anglo-normand, et il existe
déjà en Poitou des variétés qui ne se distinguent pas beaucoup de celui-ci. Parmi ces variétés les demi-sang de *Saint-
Gervais* et de la *Charente-Inférieure* jouissent d'une assez
grande renommée ; les derniers, grâce à l'école de dressage
de *Rochefort*, font annuellement très belle figure au concours hippique de Paris. Dans quelque temps, toute la population chevaline du Poitou subira probablement la même
transformation, d'autant plus que les fermiers poitevins ne
sont plus aussi tenaces au sujet de leur race mulassière, et
admettent volontiers que de bons mulets peuvent être produits aussi par des juments bien conformées appartenant à
d'autres races.

CHAPITRE V.

LES CHEVAUX DE SELLE ET DE TRAIT LÉGER.

Les landais.

Ces petits chevaux, dont les formes sont en général assez jolies, peuvent servir d'exemple du rapetissement et de l'abrutissement de la race sous l'influence de l'exiguïté de la nourriture et de l'absence de soins nécessaires. Leur nom, les landais l'ont reçu des *landes* qui occupent presque entièrement le département des Landes et la partie méridionale du département de la Gironde.

Leur existence est pareille à celle des chevaux kirghizes de la Sibérie (voir page 44), c'est-à-dire qu'ils vivent aussi dans un état demi-sauvage, restant à l'air pendant toute l'année, se nourrissant exclusivement de l'herbe maigre qu'ils peuvent trouver sous leurs pieds, et se multipliant en pleine liberté. Les hivers dans les Landes ne sont pas aussi rudes qu'en Sibérie; mais en revanche en été le sol y est beaucoup moins productif que dans les steppes kirghizes.

C'est peut-être par cette raison que les landais sont beaucoup plus petits que les chevaux kirghizes. Leur taille ne dépasse pas ordinairement 1^m,30, et souvent descend jusqu'à 1^m,10, parfois même jusqu'à 1^m,00, tandis que la

L'espèce chevaline de la Maison Rustique

SCKVIL (5 ans, taille 1^m.61)

Étalon trotteur du haras du Comte A. A. Vorontzow-Dachkow.

IMPR. LEMERCIER. PARIS

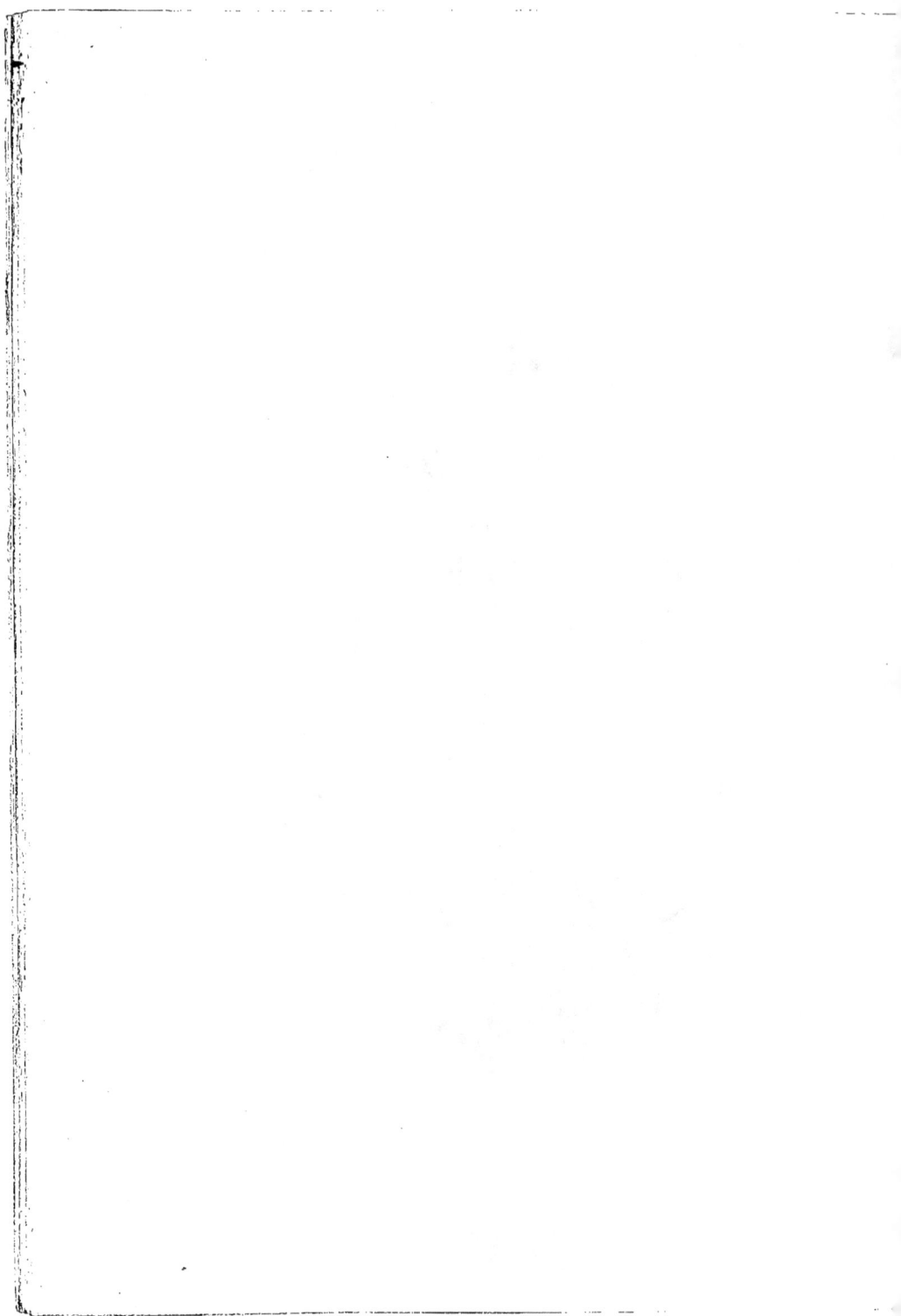

taille moyenne des chevaux kirghizes est de 1ᵐ,42. Ils sont,
par conséquent, moins forts que ces derniers, mais d'une
endurance presque égale. Leurs formes sont aussi anguleuses
et leurs poils aussi rudes que ceux des chevaux kirghizes,
mais leur construction est différente : comparez la figure 55
avec la planche IV.

Fig. 55. — *La Mascotte,* jument landaise; 7 ans, taille 1ᵐ,17; noire.
D'après la photographie faite spécialement pour l'ouvrage, au Jardin d'Acclimatation de Paris, par J. Delton
(*Photographie hippique*).

Comme les kirghizes, ils peuvent grandir et s'anoblir
vite sous la seule influence d'une nourriture plus abondante et de soins appropriés. Par l'emploi de bons étalons du sang oriental, par exemple des arabes, des anglo-
arabes ou des bigourdans améliorés, on peut arriver à
transformer les landais en bons chevaux de selle aptes à
la cavalerie légère. Des expériences de ce genre ont été
faites aux environs de Dax et ont produit des résultats

fort satisfaisants : depuis quelques années la population chevaline de cette région est devenue très semblable à celle qui habite les plaines des Pyrénées.

Les camargues.

Les deux bras principaux de l'embouchure du Rhône laissent entre eux une île, connue sous le nom d'île de *la Camargue*, qui nourrit depuis un temps immémorial une population de chevaux demi-sauvages. Ces chevaux ressemblent aux landais, mais sont généralement d'une constitution plus trapue et d'une taille un peu plus élevée : entre $1^m,30$ $1^m,35$. Leur tête est relativement grande et ornée d'yeux vifs, d'oreilles petites et écartées ; l'encolure est droite, grêle, parfois renversée ; le garrot assez haut, le dos souvent saillant, le rein long et large, la croupe courte, avalée, quelquefois tranchante ; les épaules droites et courtes ; les membres secs, garnis d'une musculature maigre et d'articulations assez faibles ; les paturons courts, les sabots larges, plats, mais solides. La robe la plus répandue est le gris-pommelé.

Les chevaux camargues vivent par bandes, appelées *manades*, dont chacune se compose de 20 à 100 têtes, guidées par un *grignon* (étalon). Ils vivent et se multiplient en pleine liberté, se nourrissant des herbes grossières que produit le sol marécageux de l'île. Le dépiquage des grains avait toujours été l'emploi principal et presque unique des chevaux camargues, c'était leur spécialité et le but de leur existence. Le travail ne durait qu'environ un mois par an : mais il était très rude et fatigant, d'autant plus qu'il avait toujours lieu pendant la saison chaude. Les pauvres bêtes en sortaient entièrement exténuées. On a souvent essayé d'y habituer des chevaux d'autres races. Mais aucun de ceux-ci ne put jamais atteindre le degré de résistance des camargues. Le dépiquage des grains terminé, les chevaux retournaient aux marais pour y mener leur vie demi-sauvage jusqu'à la moisson suivante.

Avec les progrès de l'agriculture, les machines à battre le blé font invasion même dans l'île de la Camargue, et y remplacent peu à peu les chevaux, de sorte que ceux-ci deviennent inutiles ; leur nombre diminue et la race disparaît rapidement.

Certains savants croient que les chevaux camargues existent dans l'île depuis les temps préhistoriques. Mais il est beaucoup plus probable que leur origine est la même que celle de toutes les autres races chevalines de la France méridionale, c'est-à-dire qu'ils descendent des chevaux orientaux importés dans ces contrées de l'Afrique et de l'Espagne (voir page 161).

De l'île de la Camargue les chevaux se répandirent dans les parties voisines du littoral de la Méditerranée, depuis Nice jusqu'à Perpignan ; mais là ils ne conservèrent pas longtemps les caractères de leur race et se transformèrent bientôt, sous l'influence du croisement avec les chevaux d'autres races.

Aussi bien que les landais et même à un plus haut degré encore, les camargues sont susceptibles de s'améliorer promptement sous l'influence des soins ou d'une bonne nourriture.

Les chevaux des Pyrénées et la race navarrine.

La population chevaline des Pyrénées descend d'un côté des chevaux orientaux importés dans le midi de la France par les Arabes (voir page 161), et de l'autre, des chevaux indigènes qui y habitaient avant ce temps. Les chevaux importés étaient les mêmes qui furent introduits et répandus par les Arabes dans l'Espagne méridionale ; quant aux chevaux indigènes des Pyrénées françaises, ils appartenaient probablement à la race qui existait et qui existe encore dans les Pyrénées limi-

Fig. 56. — *Diana*, jument de Tarbes, 11 ans, taille 1ᵐ,50, grise-truitée.
D'après la photographie faite spécialement pour l'ouvrage, au Jardin d'Acclimatation de Paris, par J. Delton (*Photographie hippique*).

trophes de l'Espagne. Dans les parties centrales et orientales des Pyrénées prédomina le nouveau sang oriental ; dans les parties occidentales, dans les Basses-Pyrénées, au contraire, l'ancien type indigène restait prépondérant.

Avec le temps, il se forma dans les Hautes-Pyrénées, où l'é-

levage des chevaux fut toujours en honneur, une race du
type franchement oriental, connue sous le nom de *race navarrine*, car l'ancienne Navarre en était le centre.

Fig. 57. — Cheval de *Tarbes* (hongre); 4 ans, taille 1ᵐ,52, bai.
Photographié spécialement pour l'ouvrage, à l'annexe du dépôt de remonte de Saint-Germain-en-Laye, par
J. Delton (*Photographie hippique*).

L'influence de la race navarrine se propagea progressivement dans les contrées voisines. Mais les Basses-Pyrénées y
résistèrent plus longtemps, grâce au contact plus étroit
avec l'Espagne et aux mœurs très conservatrices de leurs habitants. Les chevaux des Basses-Pyrénées restèrent toujours
plus ramassés et plus forts, ils avaient la tête plus lourde et

souvent busquée, l'encolure plus épaisse, tout le corps plus ample et les membres plus solides et plus grossiers.

Plus tard, notamment pendant notre siècle, la race navarrine se modifia encore sensiblement sous l'influence successive des reproducteurs arabes, pur sang anglais et anglo-arabes. Les arabes anoblirent la race; les anglais l'agrandirent, mais, par suite de l'abus, l'amincirent trop. Pour corriger ce défaut, on adopta le système du croisement alternatif avec les pur sang arabe et anglais; enfin on introduisit le reproducteur anglo-arabe, qui paraît convenir le mieux.

Ainsi fut créée *la nouvelle race navarrine*, appelée aussi *la race bigourdane améliorée*, et plus souvent encore *la race de Tarbes*.

Le cheval de la nouvelle race est de taille moyenne : de 1ᵐ,48 à 1ᵐ,54, quelquefois jusqu'à 1ᵐ,56. Sa tête est assez longue, parfois un peu lourde, mais très expressive; l'encolure, souple, est suffisamment longue; le garrot est saillant; le dos horizontal ou légèrement ensellé; la croupe souvent manquant de longueur, mais large et musclée; les épaules hautes et assez obliques; la poitrine pas très ample, mais profonde. Les membres sont secs, musculeux, avec les tendons bien détachés; les articulations larges et fortes; les paturons et les sabots solides. La conformation générale est souvent un peu anguleuse. Les robes sont de couleurs sombres; le bai et l'alezan prédominent aujourd'hui, bien qu'il y ait encore assez de chevaux gris ou gris-pommelés. Les allures sont brillantes, moins hautes que chez les arabes, mais plus allongées. Le tempérament, vif, courageux, est en même temps très docile. Le tarbien fait non seulement un excellent cheval de cavalerie légère, mais il figure aussi très bien sous le harnais.

La fig. 56 représente une jument de Tarbes ordinaire.

Les meilleurs exemplaires sont beaucoup plus nobles ; quelques-uns d'entre eux rappellent par leur apparence les arabes, les autres se rapprochent plutôt du pur sang anglais, selon l'influence qui a prédominé dans les croisements.

Fig. 58. — Cheval des *Basses-Pyrénées* amélioré ; 4 ans, taille 1ᵐ,52, bai.
Photographié spécialement pour l'ouvrage, à l'annexe du dépôt de remonte de Saint-Germain-en-Laye, par J. Delton (*Photographie hippique*).

La figure 57 reproduit le portrait d'un cheval dans lequel l'influence du sang arabe et anglais est assez équilibrée, avec une certaine prédominance, cependant, du sang anglais (dans la tête, l'encolure et en général dans tout l'avant-main).

Quelques hippologues français mettent le cheval tarbien
en parallèle avec l'anglo-normand, et les placent tous les
deux au nombre des demi-sang. Le tarbien joue, en effet,
dans le midi de la France, le même rôle de reproducteur-ré-
générateur de la population chevaline que l'anglo-normand
au nord de la France. En ceci, le parallèle est exact;
mais le cheval de Tarbes n'est pas du tout un demi-sang
dans le sens de l'anglo-normand. Celui-ci est le produit
du croisement de deux types diamétralement opposés, du
type oriental (pur sang anglais) et du type occidental
(cheval normand indigène), ce qui fait que la fusion des
deux sangs dans l'anglo-normand jusqu'à présent n'est pas
assez avancée pour qu'on puisse attribuer à ce métis la quali-
fication de race distincte. Les trois sangs qui ont formé
le cheval de Tarbes, l'arabe, l'anglais et l'ancien navarrin,
sont, au contraire, si proches entre eux, étant tous de
la même origine orientale, que la fusion se fit facilement et
avec rapidité, et, bien que les chevaux de Tarbes ne soient
pas encore d'une homogénéité parfaite, on peut déjà parler
d'une race, qui, par ses qualités, se rapproche plutôt du pur
sang que du demi-sang.

Les chevaux des Basses-Pyrénées, pendant ces derniers
temps, ont subi des changements analogues sous l'influence
des croisements avec les mêmes étalons de pur sang et
avec ceux de la race de Tarbes; mais ils conservent encore
l'étoffe de leurs ancêtres et rappellent plus ou moins, par
leur conformation, l'*el carnero* espagnol (voir la figure 73).
Ils sont moins beaux et beaucoup moins nobles, plus trapus
et plus vigoureux; ont plus de chair et les membres plus
solides et plus épais. Il y a en eux quelque chose des *hunters* ou des *cobs* irlandais, dont ils sont très capables de
supporter l'emploi. En général ce sont des chevaux d'une

grande utilité, bons pour tous les usages. Tandis que les chevaux de Tarbes ne conviennent ordinairement que pour la cavalerie légère, ceux des Basses-Pyrénées servent souvent pour les remontes de la cavalerie de ligne. La figure 58 représente un cheval des Basses-Pyrénées (amélioré).

Les chevaux du département *de l'Ariège* sont de la même origine, que ceux des Hautes-Pyrénées, mais, passant leur vie sur des hauteurs, ils ont acquis toutes les qualités de chevaux de montagnes. Ils sont moins grands de taille, plus grèles et moins bien constitués que ceux des Hautes-Pyrénées, mais sont excessivement résistants, très sûrs et très légers dans leurs mouvements. Cependant, sous l'influence des mêmes reproducteurs que nous avons nommés plus haut, la variété de l'Ariège perd peu à peu ses caractères distinctifs et se confond de plus en plus avec le type navarrin.

Grâce aux dépôts d'étalons de l'État et aux efforts énergiques et patients de l'Administration des haras, la même transformation assimilatrice se propage progressivement des Pyrénées dans les autres contrées de la France méridionale. Sans doute elle se fait sentir beaucoup plus dans les départements voisins. Tandis que dans les départements du Gers, de la Haute-Garonne et dans la partie méridionale des Landes l'assimilation est presque complète et que les chevaux diffèrent maintenant peu de ceux du type navarrin; dans les départements situés plus au nord elle n'est qu'à l'état de fermentation : les signes du même type commencent déjà à prévaloir, mais considérée en détail la population chevaline est encore très hétérogène. Les départements de l'est des deux moitiés de la France sont à peine effleurés par le progrès de l'assimilation : là règne encore un chaos hippique complet.

Les chevaux corses.

Les chevaux corses ressemblent par leurs formes aux landais et aux camargues, aussi bien qu'aux chevaux de la Sar-

Fig. 59. — *Kif-Kif*, étalon barbe de la variété de Sahara. Premier prix à l'exposition
internationale de 1878. Nombreuses primes pour courses d'obstacles (en Algérie).
D'après la photographie faite par J. Delton (*Photographie hippique*).
(Reproduction de la fig. 15.)

daigne. Ils sont très petits, leur taille ne dépassant pas ordinairement 1^m,35 et descendant parfois jusqu'au-dessous de
1 mètre; grêles, mais d'une nature ardente, très sobres et résistants. La plupart sont noirs ou alezans, quelquefois bais et

rarement gris. Ils mènent dans les *maquis* une vie demi-
sauvage, pareille à celle des landais ou des camargues.

Fig. 60. — *Cheval barbe* d'Algérie monté par un officier indigène (de spahis).
D'après la photographie faite par J. Delton (*Photographie hippique*).
(Reproduction de la fig. 16.)

Les chevaux barbes.

Les chevaux barbes sont élevés en Algérie, où, selon les
statistiques officielles, il y en aurait de nos jours environ
150.000 têtes. Ce sont les mêmes chevaux qui furent impor-

tés dans la France méridionale lors de l'invasion des Arabes, et y servirent de base à la création de la population che- valine (voir page 161).

Pendant longtemps les chevaux barbes furent en usage dans la cavalerie française ; puis ils servirent à la remonte des officiers d'infanterie. Aujourd'hui ils ne sont utilisés qu'en Algérie et dans quelques colonies, bien qu'un certain nombre de chevaux barbes soient introduits annuellement en France. En 1891, on a importé d'Algérie en France 1.173 chevaux dont 932 étaient étalons. Les chevaux barbes ont été déjà décrits plus haut, page 26.

La fig. 59 représente le cheval se rapprochant très près du vrai type barbe (celui du Sahara), devenu maintenant fort rare. La fig. 60 nous montre le cheval barbe ordinaire.

CHAPITRE VI.

La population chevaline de la Normandie, ainsi que de toute la région qui est située sur le littoral nord de la France, descend des chevaux du type occidental qui furent amenés dans ces contrées à la fin du neuvième et au commencement du dixième siècle par les Normands. Peu à peu, sous l'influence des conditions locales, les chevaux normands se séparèrent des boulonnais et parmi eux-mêmes se formèrent des variétés : dans le département de la Manche et principalement dans la presqu'île du *Cotentin* la variété de grands carrossiers et dans le pays du *Merleraut* dans le département de l'Orne la variété plus légère des chevaux de selle. La variété *augeronne* du Calvados tenait le milieu entre les deux.

A la fin du règne de Louis XV, la comtesse Dubarry introduisit la mode des chevaux danois à la tête fortement busquée ; des étalons de ce type furent envoyés en Normandie et communiquèrent leur difformité à la plupart des chevaux normands ; il fallut plus tard se donner beaucoup de peine pour les en débarrasser, et on n'y réussit qu'imparfaitement, car la tête busquée est jusqu'à présent encore assez répandue parmi les chevaux de Normandie.

A la fin du dernier siècle, par ordre du prince de Lambesc, grand écuyer de Louis XVI, vingt-quatre étalons demi-sang furent importés d'Angleterre en Normandie (au haras du Pin). Ces étalons peuvent être considérés comme les premiers fondateurs de la race anglo-normande actuelle. Mais l'œuvre si bien commencée fut bientôt grandement endommagée par la révolution. Sous le premier empire on essaya d'améliorer les chevaux normands par toutes sortes de reproducteurs étrangers, à l'exception des anglais, car l'Angleterre était alors fermée pour la France; on y introduisit surtout beaucoup d'étalons du nord de l'Europe occidentale. Les résultats ne se firent pas attendre : les traces laissées par les étalons anglais disparurent presque complètement. Quelques reproducteurs anglais pur sang que l'on envoya en Normandie pendant la restauration, ne firent aucun bien appréciable, car l'affaire fut menée sans ensemble ni système.

Vers le commencement du règne de Louis-Philippe le cheval normand était une bête très peu harmonieusement bâtie. Elle avait la tête lourde, horriblement busquée et stupide; l'encolure courte, épaisse, commune et chargée d'un coussin de graisse sous la crinière; le dos bas et foulé; le rein long et mou; la croupe horizontale, ornée d'une queue sans vigueur ni ressort; la poitrine se relevant en carène de vaisseau; les épaules courtes; les membres grêles, aux articulations faibles et aux jarrets courbés en faucille. Avec cela la peau épaisse, les poils grossiers et le tempérament mou. La figure 63 de *l'Atlas* de Eug. Gayot et L. Moll donne le portrait du cheval normand de cette époque.

La vraie régénération du cheval normand, en même temps que sa transformation progressive dans l'anglo-normand, ne commence qu'après 1830. C'est depuis cette époque seulement que la Direction des haras appliqua d'une manière sys-

tématique les principes de l'amélioration chevaline par les
reproducteurs anglais demi-sang et pur sang. Les résultats
se firent sentir bientôt. Déjà après vingt ans les chevaux
normands étaient presque entièrement régénérés et commen-
çaient à présenter le type de l'anglo-normand actuel. Le
même sytème conduit sans interruption jusqu'à nos jours, ne
fit qu'accentuer davantage la transformation. Maintenant tous
les chevaux de la Normandie sont améliorés.

Cependant, s'il n'y avait pas d'interruption dans le système,
il y avait par moments des entraînements dans son application; ainsi, en voulant trop améliorer, on abusait souvent
du reproducteur anglais pur sang qui communiquait au produit plus de finesse et de noblesse, mais en revanche lui
ôtait autant en étoffe, en force et en résistance. Les abus de
cette espèce, commis à la fin de la cinquième et au commencement de la sixième dizaine de notre siècle, causèrent
un grand dommage à la population chevaline de la Normandie, en créant parmi elle des individus trop minces, trop
grêles et trop faibles pour les usages auxquels ils furent
destinés. Ces abus se répètent quelquefois encore maintenant
par les amateurs trop anglomanes. Mais la Direction des haras tient ferme; dans ses dépôts d'étalons elle emploie largement les reproducteurs demi-sang et, au contraire, très
sobrement les pur sang (voir page 167 et 171). Parmi les
reproducteurs demi-sang c'étaient d'abord des clevelands et
ensuite des norfolks qui jouaient le rôle principal; mais à
présent ils sont presque partout remplacés par les demi-sang
français, par l'élite des anglo-normands mêmes.

Les anglo-normands de nos jours sont très connus et souvent recherchés non seulement en France, mais aussi dans
d'autres pays de l'Europe. En majorité ce sont des chevaux
de grande taille, robustes et propres à tous les usages,

des chevaux « à deux fins », comme on dit en France. Les anciennes variétés du Merleraut, du Cotentin, etc. ont disparu en se fusionnant. Cela ne veut pas dire cependant que les anglo-normands sont devenus des animaux d'une conformation homogène. Bien au contraire, la variété individuelle parmi eux est telle qu'il serait tout à fait impossible non seulement de les considérer comme appartenant à une seule race définie, mais même d'en faire une description générale.

Il y en a qui, par leur extérieur, se rapprochent du pur sang anglais; tels sont, par exemple, beaucoup de trotteurs actuels et les plus élégants parmi les chevaux de selle. D'autres rappellent les chevaux de chasse (*hunters*) d'Angleterre ou d'Irlande, variété très estimée par les officiers de remonte de la cavalerie de ligne et de réserve. D'autres encore ont toutes les qualités d'un cheval d'attelage pour les équipages de ville; on en voit beaucoup à Paris aux promenades des Champs-Élysées et du Bois de Boulogne; ce sont ordinairement des chevaux de grande taille et très solidement bâtis, pas très nobles, mais souvent magnifiques. Pour nous, les chevaux de cette dernière catégorie sont les meilleurs et les plus utiles représentants du type anglo-normand, et ce sont précisément eux qui en ont fait la renommée. La figure 61 reproduit le portrait d'un de ces chevaux. Enfin, il y a des anglo-normands dont les formes, bien qu'indubitablement anoblies par une certaine dose de sang pur, les font classer parmi les chevaux de gros trait; nous en avons vu plusieurs aux dépôts d'étalons de l'État qui ressemblaient beaucoup aux percherons et aux boulonnais; quelques-uns avaient même la croupe double; l'influence du pur sang ne se voyait que dans la tête.

Entre ces quatre catégories il existe des transitions à tous les degrés, et il faut avouer qu'il y a encore une masse de chevaux *décousus,* c'est-à-dire des chevaux dans lesquels les éléments qui les composent ne se sont pas suffisamment fusionnés, ce qui leur donne l'aspect d'animaux soudés de deux pièces différentes.

Fig. 61. — *Niger*, anglo-normand; étalon au haras du Pin.
D'après la photographie de J. Delton (*Photographie hippique*).

Cependant, malgré cette différence individuelle de formes, il existe dans tous, ou du moins dans la majorité des anglo-normands, des traits qui les font reconnaître d'un coup d'œil par un connaisseur.

La robe la plus répandue est le bai de toutes nuances : depuis le bai-foncé-noirâtre jusqu'au bai-très-clair-doré ; plus rarement alezan. On commence à produire des chevaux noirs ; les gris ne se rencontrent guère.

Nous avons déjà plusieurs fois insisté sur le rôle important que le reproducteur anglo-normand joue et est destiné à jouer dans la régénération de la population chevaline de la France, notamment dans sa moitié septentrionale, car dans le Midi c'est l'influence des reproducteurs anglo-arabes et navarrins qui domine jusqu'à présent. Cependant, les domaines de l'anglo-normand deviennent de plus en plus étendus ; tandis que les anglo-arabes et les navarrins sont presque confinés dans la partie méridionale de la France, l'anglo-normand pénètre graduellement partout. Pour s'en convaincre il ne faut que consulter la statistique annuelle des étalons nationaux, approuvés et autorisés.

On peut dire qu'à présent il n'existe dans la moitié nord de la France aucune race chevaline qui soit entièrement exempte de l'influence du reproducteur anglo-normand. En Normandie les anglo-normands ont entièrement remplacé les chevaux de l'ancienne race. Les chevaux bretons et la race poitevine se transforment principalement sous l'influence des anglo-normands ; ceux qu'on appelle *anglo-bretons* et *anglo-poitevins* ressemblent à s'y méprendre aux anglo-normands. Même les boulonnais et les percherons ne sont plus exempts du sang anglo-normand. C'est dans les provinces de l'Est que l'influence de l'anglo-normand se fait encore le moins sentir ; mais ce n'est qu'une question de temps.

Si tout va comme jusqu'à présent, il faut s'attendre que dans quelques dizaines d'années et peut-être même plus tôt toute la population chevaline de la moitié septentrionale de la France sera reconstruite d'après le type anglo-

normand, lequel probablement subira lui-même une transformation et ne sera plus le même.

Et ce sera un grand service rendu à la France par la Direction des haras, car il est hors de doute que toute cette régénération de la population chevaline de France, dont nous
avons parlé, est due principalement aux efforts persévérants
et intelligents de cette Direction, argument très puissant
contre ceux qui prêchent l'émancipation complète de l'é-
lève des chevaux du contrôle du gouvernement.

CHAPITRE VII.

Nous ne voudrions pas finir sans dire quelques mots des trotteurs français, genre de chevaux qui nous intéresse particulièrement et qui est encore si nouveau en France.

L'élevage systématique des trotteurs français fut commencé sous Louis-Philippe, mais c'est seulement sous Napoléon III que leur fut accordée la protection officielle du gouvernement.

Le gouvernement actuel a déclaré l'élevage des trotteurs d'utilité publique et pour l'encourager accorde pour les courses au trot une subvention annuelle d'environ 300.000 francs.

Comme un des ancêtres principaux des trotteurs français on nomme *Kurde*, un étalon qui, sous Napoléon Ier, fut amené du Kurdistan par le général Sébastiani, à cette époque ambassadeur à Constantinople. *Kurde* était sans doute du pur sang oriental, mais, par ses formes, il se rapprochait plutôt du type turcoman. De *Kurde* et d'une poulinière arabe naquit la jument *Étincelle* (1817) et de l'accouplement de celle-ci avec l'étalon pur sang anglais *Tigris* naquit *Leda* (1827). De cette dernière et de l'étalon demi-sang anglais

Performer est issu *Éclipse*, étalon de petite taille $(1^m,53)$, mais de belles formes et très rapide au trot (1).

Éclipse et quelques autres descendants de *Kurde* servirent de base à la création des trotteurs français. Plus tard, pour obtenir une plus grande célérité, on eut recours et très largement au pur sang anglais; mais comme le résultat laissait encore à désirer, on chercha des reproducteurs parmi les trotteurs russes et américains. D'abord on préférait les russes; maintenant ce sont les américains qui commencent à prévaloir.

En résumé, les trotteurs français contiennent dans leur veines une certaine dose de sang oriental, un peu de sang normand, beaucoup de pur sang anglais et maintenant souvent plus ou moins de sang du trotteur russe ou américain ou de tous les deux.

Ils sont ordinairement plus petits de taille que les autres anglo-normands, mais ont des formes plus nobles et souvent très belles. Leur manière de trotter tient le milieu entre celle des trotteurs russes et celle des trotteurs américains : ils plient les genoux et relèvent les pieds de devant plus que les trotteurs américains, mais beaucoup moins que les trotteurs russes. Leur rapidité, dans des cas exceptionnels, est assez grande; la jument *Capucine,* par exemple, a pu faire 1 kilomètre en 1 m. 36 sec. (2); mais en général elle n'est pas encore assez développée pour permettre aux trotteurs français de rivaliser heureusement avec les meilleurs trotteurs russes ou américains. Pour nous la cause en est principalement en ce que les Français ne savent pas encore bien élever et dresser leurs trotteurs pour les courses.

(1) C'est à cause de cela probablement qu'il a reçu le nom du célèbre cheval anglais.

(2) Rapidité moyenne des trotteurs russes de premier ordre.

Il se trouve un certain nombre de trotteurs parmi les étalons nationaux des dépôts; quelques-uns sont d'origine russe; nous n'y avons pas encore vu de trotteurs américains.

Il existe maintenant en France beaucoup de haras privés destinés spécialement à l'élevage des trotteurs. La plupart sont en Normandie. Un des plus anciens et des plus connus est celui du duc de Vicence, à Caulaincourt.

Parmi les haras fondés pendant les dernières années et employant principalement les reproducteurs russes on doit nommer le haras de Gunsbourg, à Chambaudoin, et celui de Abel et Berenger, à Marly-le-Roi.

Les hippodromes pour les courses au trot sont assez nombreux en France, surtout en Normandie; aux environs de Paris, il en existe deux : un à Vincennes et l'autre à Neuilly-Levallois.

La plus importante des sociétés qui patronnent l'élevage des trotteurs est « la Société d'encouragement du demi-sang », qui a son siège à Caen et à Paris.

CINQUIÈME PARTIE

LES CHEVAUX ALLEMANDS

En 1883, l'Empire allemand comptait 3.522.545 chevaux ou environ 7,8 sur 100 habitants. Aujourd'hui, après une paix de plus de vingt ans, ce nombre doit s'être sensiblement accru.

Le climat et le sol de l'Allemagne sont peut-être moins propices que ceux de la France pour l'élevage des chevaux ; mais en revanche les Allemands, et surtout les Allemands de l'est, s'intéressent aux chevaux et les connaissent plus que les Français. En outre, en Allemagne, comme héritage des temps féodaux, s'est conservée une assez grande quantité de propriétés foncières considérables qui furent toujours très favorables à l'élève des chevaux. Il existe encore à présent en Allemagne un grand nombre de haras privés plus ou moins importants ; entre autres plusieurs haras appartenant aux princes régnant dans les principautés et les royaumes qui composent l'Empire allemand. Pour tous ces motifs l'initiative privée a beaucoup plus de part à l'élevage des chevaux en Allemagne qu'en France. A ce point de vue, l'Allemagne tient le milieu entre l'Angleterre, où l'élève des chevaux est entièrement entre les mains de l'industrie privée, et la France où le gouvernement dirige tout.

CHAPITRE PREMIER.

ORIGINE DES CHEVAUX ALLEMANDS.

Les chevaux primitifs de l'Allemagne étaient petits. César les trouvait forts et résistants, mais plus petits que les chevaux gaulois (voir page 161). Autrefois existaient en Allemagne des troupeaux de chevaux sauvages semblables à ceux de steppes russes. On trouvait encore à la fin du dernier siècle des restes de ces troupeaux, non seulement en Prusse, mais aussi en Westphalie et dans les provinces du Rhin. Ils faisaient l'objet de chasses dont l'une, probablement la dernière, a eu lieu en Westphalie en septembre de 1829. Cependant, à cette époque reculée, le nombre des chevaux ne devait pas être très grand en Allemagne, car jusqu'à l'arrivée des Francs les guerriers teutons faisaient leur service toujours à pied. C'est seulement sous Charles-le-Grand, au commencement du neuvième siècle, que nous voyons paraître la cavalerie allemande. Pendant le moyen âge, au temps du système féodal, les chevaux allemands s'accrurent considérablement non seulement en nombre, mais aussi en qualité. La chevalerie et les croisades eurent la même influence en Allemagne, qu'en France et en Angleterre. Les chevaliers créèrent des destriers massifs et de grande taille; les croisés importèrent en Allemagne beaucoup de chevaux du sang oriental. En Prusse et notamment dans sa partie orientale, les chevaliers fondèrent plusieurs haras et les approvi-

Librairie Agricole de la Maison Rustique

KOULI-KHAN (*dans, taille* 1.''.52.')
Etalon arabe du haras de l'Etat Simaxooo.
(Écuries Impériales).

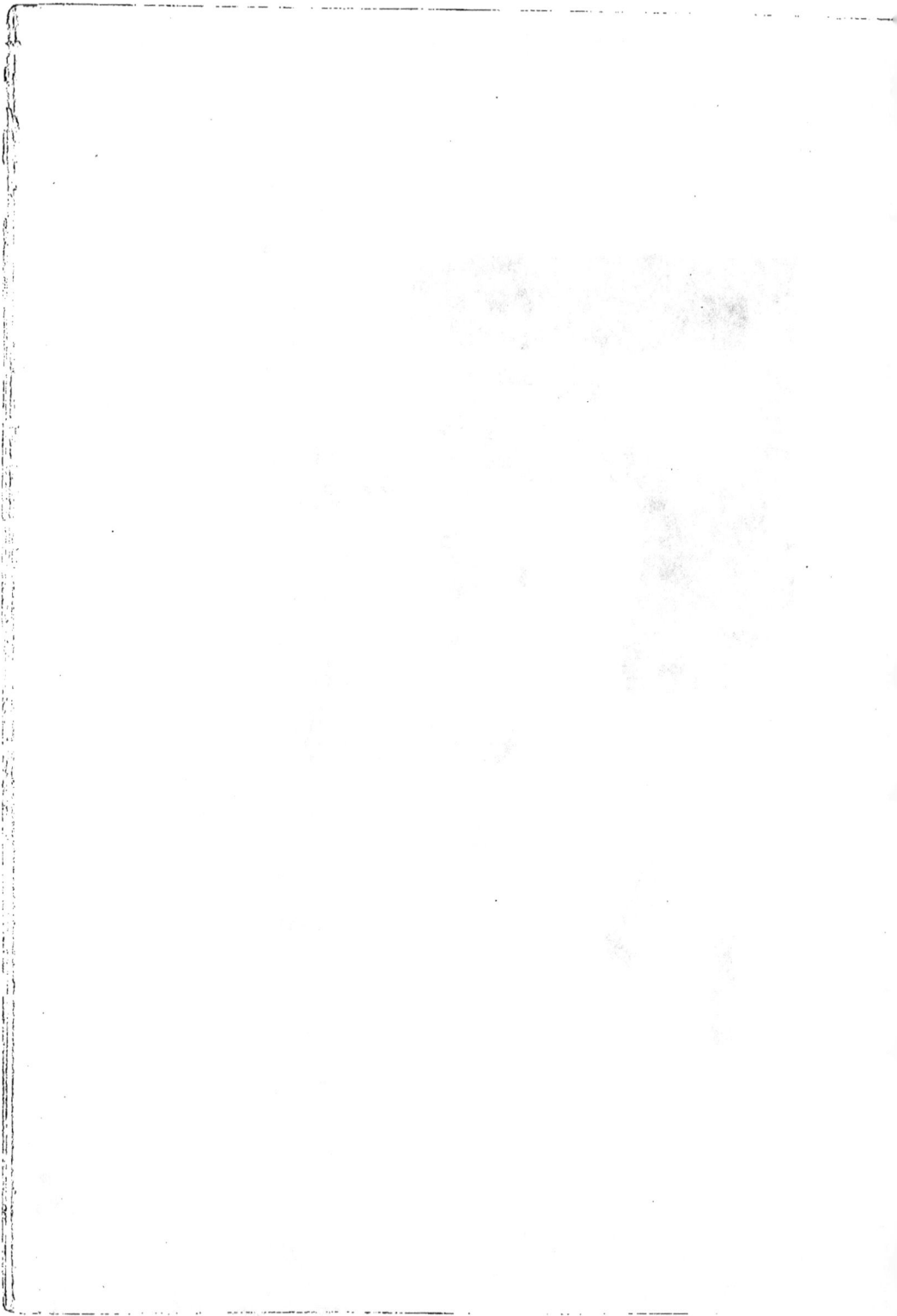

sionnèrent avec des reproducteurs qu'ils firent venir de la
Hollande, du Danemark et de la Thuringe. Ces haras eurent
une très grande influence sur l'élève des chevaux en Prusse ;
la réputation de ces derniers date de cette époque. Plus
tard, on introduisit en Allemagne, comme partout en Europe,
beaucoup de chevaux napolitains et espagnols qui, sous
Charles Quint (au commencement du seizième siècle), jouèrent
un rôle prépondérant comme reproducteurs. Mais déjà au
dix-septième siècle, après l'introduction dans les troupes
des armes à feu, on se vit forcé de renoncer aux chevaux de
selle massifs et de les remplacer dans la cavalerie par des
animaux plus légers et plus agiles. Les anciens destriers
durent plier le cou sous le harnais.

L'Allemagne avait toujours été assez riche en haras ; mais
depuis le dix-septième siècle, notamment après la guerre
de Trente ans qui décima fortement sa population chevaline,
les nombre de haras s'accrut considérablement. Pendant le dix-
huitième siècle furent fondés les plus célèbres haras de l'État
ou de la couronne : en Prusse en 1732 le haras de *Trakehnen* (non loin de la frontière russe) et celui de *Frédéric-
Guillaume*, à Neustadt en Brandebourg ; en Bavière le
haras de *Zweibrücken* (1750) et en Hanovre le haras de
Herrenhausen. C'est après la guerre de Trente ans que fut
créée dans le Meklembourg, cette race de chevaux qui,
après avoir joui d'une célébrité universelle, a maintenant disparu entièrement.

Les guerres de Napoléon Ier produisirent une dévastation
énorme ; mais, avec la paix, l'activité se ranima et prit, pour
ainsi dire, un nouvel essor. Maintenant l'Allemagne est un
des pays les plus riches en chevaux. Depuis la création du
nouvel Empire, la prépondérance de la Prusse s'y fait sentir
même dans la reproduction chevaline.

CHAPITRE II.

CONTROLE ET PARTICIPATION DE L'ÉTAT DANS LA
PRODUCTION CHEVALINE.

Les moyens par lesquels le gouvernement allemand
exerce son influence sur l'élève des chevaux sont les mêmes
qu'en France et dans d'autres grands pays de l'Europe continentale. Nous reproduisons en abrégé l'organisation de
la direction des haras en Prusse.

Aussi bien qu'en France, la Direction des haras (*Gestüt-
verwaltung*) en Prusse dépend du Ministère de l'Agriculture.
Les dépôts d'étalons et *les haras de l'État* sont les moyens
principaux par lesquels le gouvernement agit sur la production chevaline. Mais en Prusse l'influence *des haras* est plus
grande, car ils y sont plus nombreux et plus fournis de
chevaux qu'en France. En Prusse, l'État possède trois grands
haras (*Hauptgestüte*) : à *Trakehnen*, à *Graditz* et à *Beberbeck*, et environ quinze dépôts d'étalons (*Landgestüte*).

En 1883 il y avait dans les trois haras 650 poulinières,
et dans quinze dépôts environ 2.000 étalons (chiffre règle-
mentaire). A peu près *la moitié* des étalons est fournie aux
dépôts par les trois haras de l'État; le reste (la plus grande
partie) est achetée chez des éleveurs particuliers du pays
et en partie à l'étranger. Comme en France, les étalons de

dépôts sont, à une certaine époque de l'année, distribués parmi les différentes stations pour y servir, à prix modérés, à l'usage des éleveurs.

De même, il y a en Prusse des étalons *approuvés*, recevant des primes pour leur exercice, et tous les étalons destinés à la monte publique sont soumis à l'examen des *commissions sanitaires*.

L'État accorde aussi des primes pour les chevaux qui se distinguent aux *concours hippiques*, pour les poulinières productives et pour les poulains bien nés.

Dans deux des trois haras appartenant à l'État, ceux de Trakehnen et de Beberbeck, on élève des chevaux demi-sang contenant dans leurs veines le pur sang arabe et anglais, mais celui-ci en plus grande quantité. On peut admettre que dans les chevaux de Trakehnen il y a au moins 50 % de pur sang anglais, environ 25 % de sang arabe et autant de sang indigène. Les proportions du mélange sont approximativement les mêmes dans les chevaux de Beberbeck (1); cependant, le pur sang anglais doit y être encore plus abondant. Le troisième haras de l'État, celui de Graditz, ne produit maintenant que des pur sang anglais.

Il est donc évident que tous les reproducteurs que les haras de l'État envoient aux dépôts d'étalons, c'est-à-dire environ la moitié du nombre total de ceux-ci, sont, ou demi-sang très riches en sang anglais (la majorité) ou pur sang anglais (la minorité). La plupart des haras privés, qui fournissent l'autre moitié des étalons aux dépôts et tous les étalons *approuvés*, suivent l'exemple de l'État, en produisant principalement aussi ou des demi sang très riches en

(1) C'est dans ce haras que furent transportés tous les chevaux du ci-devant haras de Frédéric-Guillaume, fermé il y a quelques années.

sang anglais ou des pur sang. C'est seulement depuis les
dernières années que commencent à se former quelques haras
privés pour l'élevage des chevaux de gros trait; mais jusqu'à présent ce ne sont que de rares exceptions.

Ainsi, la régénération de la population chevaline en
Prusse s'accomplit, de même qu'en France, principalement
sous l'influence des reproducteurs demi-sang. En Prusse, le
rôle des demi-sang est même encore plus décisif qu'en
France, car dans ce dernier pays le quart des étalons de
dépôts et approuvés appartient aux races de gros trait;
pour la moitié nord de la France le gros trait fait même
presque la moitié des étalons employés.

C'est le type de Trakehnen, ou *est-prussien*, qui domine
parmi les demi-sang, c'est-à-dire le métis, contenant dans
ses veines environ 50 % du pur sang anglais, 25 % du sang
oriental et 25 % du sang indigène. Donc, par sa nature, aussi
bien que par son extérieur, il diffère beaucoup de l'anglo-
normand français et se rapproche, au contraire, du reproducteur du midi de la France, du tarbien.

Le demi-sang *est-prussien*, comme reproducteur, joue en
Prusse le même rôle que l'anglo-normand au nord et le
tarbien dans le midi de la France. Peu à peu il assimile à
son type la population chevaline de toute la Prusse. On peut
dire, que dans la Prusse orientale l'assimilation est déjà un
fait accompli, car il y reste maintenant très peu de chevaux
de race indigène (voir plus bas', et c'est précisément pour
cela qu'on a donné au demi-sang dont nous parlons le nom
générique d'*est-prussien (Ost-preussen*). Dans la Prusse
occidentale et dans le Posen l'assimilation a fait aussi de
grands progrès ; elle s'avance en Silésie orientale, tandis
que dans la moitié occidentale de cette province prédomine
l'élevage des chevaux propres à l'agriculture. Au contraire,

la régénération marche très lentement en Brandebourg (bien
que cette province soit le cœur de la Prusse), en Poméranie,
dans la Saxe prussienne, dans la Hesse-Nassau, en Westphalie et dans les provinces rhénanes; la population chevaline de
toutes ces contrées est encore fort mêlée et très hétérogène.
En Hanovre et à Sleswig-Holstein les chevaux appartiennent aux types tout à fait indépendants de l'est-prussien.

L'influence prépondérante de la Prusse se fait sentir aussi
dans l'élève de chevaux des autres États qui composent l'Empire allemand; les commissions militaires de remontes sont
les intermédiaires très puissants de cette influence, qui
doit être d'autant plus grande que plus des deux tiers de
toute la population chevaline en Allemagne appartient à la
Prusse.

De tous ces États il n'y a que l'Oldenbourg et le Wurtemberg qui méritent une description à part; partout ailleurs
l'élève de chevaux reste encore très peu développé. A l'exception de la Prusse, aucun pays ne possède de haras de
l'État; quelques-uns ont des haras de la cour, mais dans
presque tous existent des dépôts d'étalons (*Landgestüte*).

De toutes les anciennes races de l'Allemagne, dont quelques-unes furent célèbres autrefois, il ne reste plus que
quelques débris épars, dont nous parlerons à la fin de ce
chapitre. Presque tous les chevaux sont transformés par les
croisements avec les pur sang ou les demi-sang, pendant
ces derniers temps principalement avec ceux de la race
anglaise.

De nos jours, il n'existe presque pas en Allemagne de chevaux de gros trait, si nécessaires pour l'agriculture et pour
les besoins des transports. Tout récemment, on a commencé
à réagir contre cet état de choses; mais le mouvement n'est
pas encore assez développé pour qu'on puisse en attendre

à bref délai des résultats satisfaisants. Le seul but de toutes les aspirations de l'État est de créer le plus grand nombre possible de chevaux propres au service militaire; il agit dans ce sens très énergiquement, et par cela même empêche la production des chevaux d'autres types, l'initiative privée étant encore trop faible pour résister à ce courant. Jusqu'à présent l'Allemagne est obligée de faire venir ses chevaux de gros trait de l'étranger, de la France, de la Belgique et de l'Angleterre.

Parmi les chevaux plus ou moins typiques qu'on élève maintenant en Allemagne on peut nommer : les pur sang anglais, arabes et anglo-arabes, les demi-sang de l'est de la Prusse (est-prussiens), les chevaux de Hanovre, d'Oldenbourg, de Sleswig Holstein (le seul cheval allemand de gros trait), et enfin, quelques restes peu nombreux et épars des chevaux indigènes primitifs. La race de chevaux mecklembourgeois, qui était célèbre encore au commencement de notre siècle, n'existe plus : elle a disparu entièrement par suite de l'abus inconsidéré des croisements avec le pur sang anglais.

CHAPITRE III.

Les trois pur sang sont élevés d'abord par les trois haras de l'État, principalement pour servir à la création et à l'amélioration des demi-sang. Le pur sang anglais domine dans tous ces haras; celui de Graditz, comme nous l'avons déjà dit, est destiné exclusivement au pur sang anglais.

Puis, les mêmes trois pur sang sont élevés dans beaucoup de haras privés dispersés par toute l'Allemagne, mais très nombreux surtout dans les provinces du royaume prussien. Il y a des haras qui élèvent les trois sangs, mais il y en a aussi qui produisent exclusivement ou les arabes, ou les pur sang anglais. Autrefois, les premiers dominaient, mais à présent le nombre des derniers est beaucoup plus grand.

Parmi les haras des pur sang arabes, le haras du Wurtemberg fut très célèbre dans son temps. Il avait été fondé au commencement de ce siècle par le roi Guillaume aux environs de Stuttgart. Pendant quarante-cinq ans, on importa dans le haras 38 étalons et 36 juments arabes, choisis par de vrais connaisseurs et achetés sans regarder à la dépense. Dans l'élevage on tâchait d'imiter les éleveurs arabes jusque dans les plus petits détails; par exemple, à la ration jour-

nalière d'avoine on ajoutait pour chaque cheval d'un quart
à un tiers d'orge. Dans ces conditions, le haras acquit bientôt une réputation universelle. La postérité la plus remarquable fut laissée par l'étalon *Baïractar* et les juments *Has-
foura, Elkanda, Shakra, Murana, Geyran* et *Abululu*.
Mais après la mort du roi Guillaume, le haras commença à
dépérir et à se dissoudre graduellement; maintenant il n'en
reste que des débris.

À côté du haras des pur sang arabes, il existait, près de
Stuttgart, un autre haras de la cour, dans lequel on élevait de
magnifiques chevaux de trait pour les écuries royales, de trois
robes distinctes : bais, gris et noirs. Les chevaux bais étaient
issus du croisement des étalons arabes avec les juments anglaises demi-sang du type hunter; les gris, des étalons arabes et des juments d'Irlande et de Yorkshire, et les noirs,
du mélange du sang arabe, anglais, hanovrien et de Trakehnen. Après la mort du roi Guillaume, pour agrandir la taille
des chevaux, on introduisit dans le haras des reproducteurs
anglo-normands; on atteignit le but, mais aux dépens de la
noblesse et de la beauté des formes.

Pl. XXX Collection du Dr L. Simonoff

H. БУНИНЪ

MIDDLETON (3 ans taille 1^{m}63)
Etalon pur-sang anglais du haras de l'État Khrénovoyé.

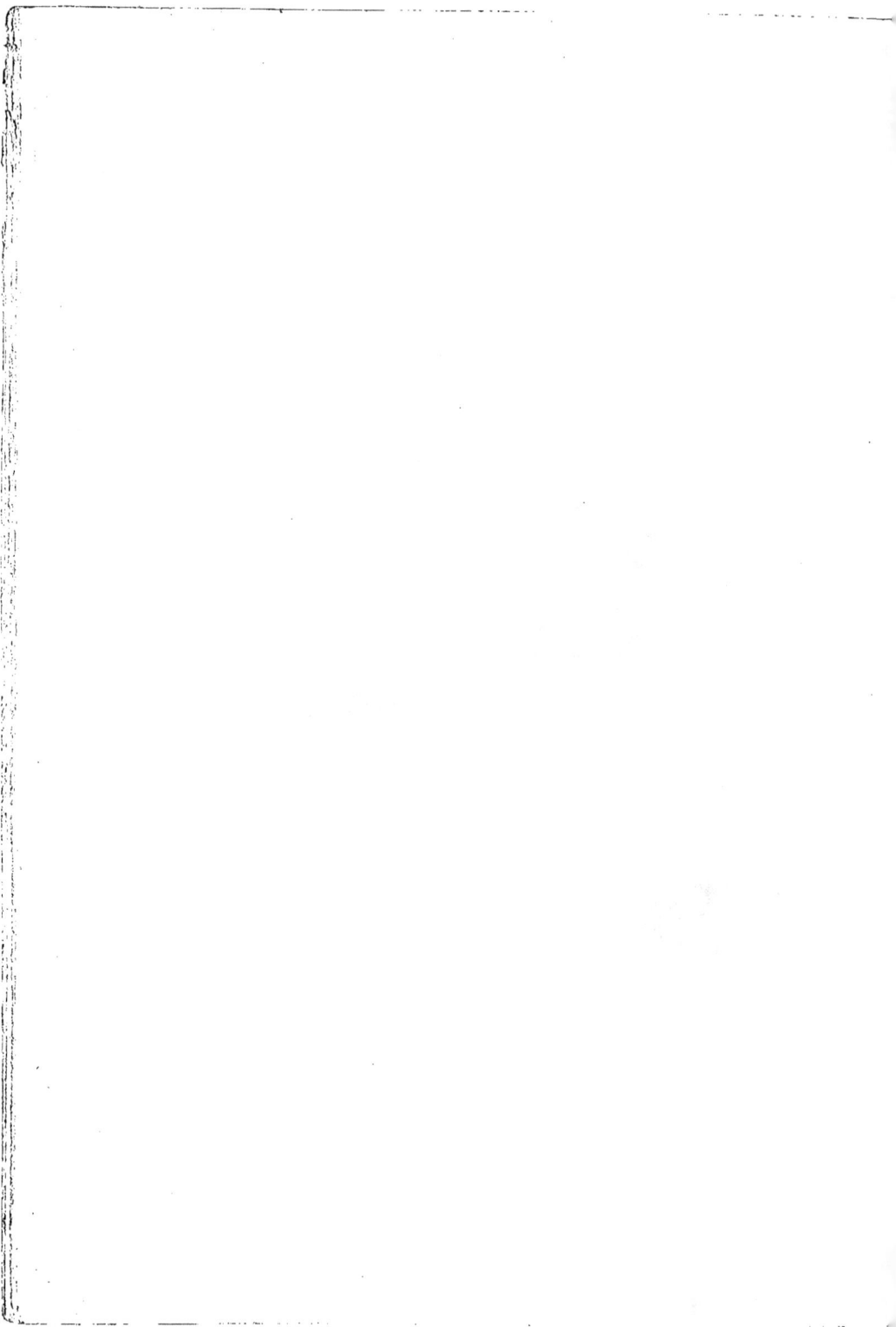

CHAPITRE IV.

LES CHEVAUX EST-PRUSSIENS.

Les est-prussiens sont des chevaux demi-sang à environ 50 % de pur sang anglais, 25 % de sang arabe et 25 % de sang indigène (lithuanien).

L'expression supérieure de leur type se trouve dans les chevaux de Trakehnen, qui furent créés les premiers et, comme reproducteurs, servirent à transformer, en se l'assimilant, la population chevaline de la Prusse orientale ; aujourd'hui l'assimilation est presque complète et le type peut porter à juste titre le nom de l'*est-prussien* (Ost-preussen). Ce sont aujourd'hui non seulement les chevaux de Trakehnen, mais les est-prussiens en général qui servent de reproducteurs-assimilateurs dans les autres provinces de la Prusse. Il faut cependant remarquer que les vrais trakehnen jouissent toujours d'une grande supériorité.

Comment va la régénération chevaline dans les autres parties de la Prusse, nous l'avons déjà dit plus haut (page 220).

Le cheval est-prussien jouant un rôle prépondérant dans la régénération des races chevalines en Prusse et le haras de Trakehnen étant le berceau de ce cheval, il est très intéressant d'étudier d'un peu plus près l'histoire de ce haras.

Le haras de Trakehnen est situé, comme nous l'avons déjà dit, non loin de la frontière russe (près d'Eydtkuhnen); il fut fondé en 1732 par la réunion de plusieurs petits haras (*Gestüthofe*) de la localité, et avait, au commencement, 513 poulinières et au total 1101 chevaux dont la plus grande partie appartenait aux races indigènes améliorées par les chevaliers de l'ordre prussien (voir pages 216-217); on y ajouta quelques étalons achetés chez des éleveurs particuliers. Dix ans après, en 1742, on amena de la Bohême et on introduisit dans le haras 281 chevaux de la race napolitaine, qui ont laissé des traces très sensibles dans leur postérité; encore un peu plus tard, on acquit pour le haras quelques étalons turcs, anglais et danois. Trakehnen élevait alors principalement des chevaux d'attelage, robustes, résistants et assez rapides.

Pendant le règne de Frédéric-Guillaume II, le haras fut complètement débarrassé des éléments malsains ou incompatibles avec les exigences de la production; on les remplaça par des étalons acquis en Orient, en Angleterre et à Zweibrücken (1). L'invasion de Napoléon Ier détruisit le haras à tel point qu'après la paix il fallut le refaire entièrement; pour cela, on fit venir un assez grand nombre d'étalons et de poulinières de l'Angleterre, de la Turquie et de l'Orient.

En résumé, pendant la dernière moitié du siècle dernier et au commencement de notre siècle, c'était le sang oriental qui devenait de plus en plus dominant au haras; depuis ce temps et jusqu'à nos jours c'est, au contraire, le pur sang anglais qui joue le premier rôle. Nous avons déjà constaté le résultat définitif : environ 50 % (plutôt plus que moins)

_____

(1) Le haras de *Zweibrucken* (fondé en 1750, en Bavière) fut célèbre à cette époque par ses chevaux issus du croisement des races indigènes avec les étalons turcs et arabes.

de pur sang anglais, 25 % de sang oriental et 25 % de sang indigène.

Il y a onze ans, on comptait à Trakehnen 15 étalons reproducteurs (*Hauptbeschäler*) et 300 poulinières; depuis, le nombre de celles-ci fut augmenté de 50.

Fig. 62. — Cheval de *Trakehnen*. Variété noire d'attelage.

On élève à Trakehnen les cinq variétés suivantes : chevaux de selle légers, chevaux de selle plus massifs, chevaux d'attelage noirs, chevaux d'attelage bais, et chevaux d'attelage alezans.

Les chevaux de Trakehnen sont, comme nous l'avons dit, les meilleurs représentants du type est-prussien.

Nous donnons, figure 62, un dessin de la variété noire d'attelage.

Pour distinguer les trakehnens des autres, on leur imprime,

Fig. 63. — Jument est-prussienne d'un haras privé de la Prusse orientale. Variété de selle.
Gris-pommelé.

D'après photographie.

sur la cuisse droite, au fer rouge une marque en forme de branche de corne d'élan (sur la figure 62 la marque n'est pas reproduite).

Les chevaux est-prussiens appartenant aux éleveurs particuliers, mais issus des juments saillies par des étalons de

Trakehnen, portent au même endroit la marque d'une couronne arrondie en bas (1). Les est-prussiens qui ne descendent pas directement d'un étalon de Trakehnen ne sont pas marqués du tout. La figure 63 représente un de ces derniers chevaux (variété de selle).

Le cheval est-prussien est d'une taille assez élevée, de $1^m,60$ à $1^m,70$; d'une construction forte et harmonieuse, d'un tempérament doux et docile, très apte au service militaire, résistant et assez rapide. En Prusse, les connaisseurs prétendent que les proportions du mélange de différents sangs (voir page 225) dans l'est-prussien sont juste ce qu'il faut pour un bon cheval de cavalerie. Un peu plus de pur sang anglais, et ce serait déjà trop.

Dans le même sens que le haras de Trakehnen, mais avec beaucoup moins de succès, travaillait autrefois le haras de *Frédéric-Guillaume*, à *Neustadt* (en Brandebourg); depuis 1877 il est transporté à *Beberbeck* (en Hesse-Nassau) où ses affaires sont loin d'être prospères.

Moins utile encore peut-être est le troisième haras de l'État, à *Graditz*, car tandis qu'il élève presque exclusivement des pur sang anglais, les habitants du pays où il est (la Saxe prussienne) n'ont besoin que de chevaux de labour.

---

(1) Dans la Prusse occidentale le cheval issu d'une jument privée et d'un étalon du haras de l'État, est marqué d'une couronne limitée en bas par une ligne horizontale.

CHAPITRE V.

Les pays de l'Europe continentale situés sur le littoral de la Mer du Nord sont riches en prairies succulentes et par cela même très propres à l'élevage des chevaux massifs et de grande taille. Le Hanovre, l'Oldenbourg, la Hollande, le Danemark et le Sleswig-Holstein sont depuis longtemps connus par les chevaux de ce type. C'est précisément ces pays qui fournirent les premiers chevaux de gros trait à la Belgique, à la France et à l'Angleterre.

La partie occidentale du Hanovre située entre la Hollande et l'Oldenbourg, et connue sous le nom de Frise orientale (1), était déjà renommée par ses chevaux massifs pendant le moyen âge. Mais c'est surtout au dix-septième siècle que devinrent célèbres les grands chevaux d'attelage du Hanovre. A la fin du même siècle et pendant le siècle suivant on créa des chevaux de selle de grande taille, par les croisements avec les reproducteurs importés d'Angleterre. Plus tard encore les reproducteurs anglais et surtout les pur sang furent employés aussi pour l'amélioration des chevaux

---

(1) La partie limitrophe de la Hollande porte le nom de Frise occidentale.

d'attelage qui devinrent plus nobles et plus beaux, mais perdirent en masse et en force. Mais comme l'œuvre de l'amélioration fut dirigée par des mains habiles, qui savaient profiter des relations intimes du Hanovre avec l'Angleterre, le cheval hanovrien échappa au sort de celui de

Fig. 64. — Jument hanovrienne; alezane. Figurait au concours hippique de Berlin.

Mecklembourg; il se transforma en conservant sa physionomie typique.

Après l'annexion du Hanovre à la Prusse l'élève des chevaux de selle, qui fut surtout l'œuvre des rois de Hanovre, diminua en nombre et en qualité. Mais la production de chevaux de harnais prospère toujours. Il existe encore en

Hanovre un haras de l'État, celui de *Herrenhausen* (à quelques kilomètres de la ville de Hanovre), qui, sous les rois de Hanovre, appartenait à la cour. Mais il n'a jamais joué un rôle important dans la production chevaline du pays. Celle-ci, au contraire, fut toujours et est jusqu'à présent très influencée par le dépôt d'étalons (*Landgestüt*) de *Cellé*, fondé en 1735 et possédant un contingent annuel de plus de 200 étalons.

Les grands haras privés manquent en Hanovre, et l'élève des chevaux se trouve presque exclusivement entre les mains des petits propriétaires.

Comme nous l'avons dit, on élève maintenant en Hanovre principalement des chevaux d'attelage de grande taille ; il y a parmi eux des chevaux de trait ordinaires, mais aussi des chevaux très élégants.

Le portrait d'un de ceux-ci est reproduit par la figure 64.

Ils sont beaux, mais un peu mous et peu résistants ; leur principal défaut est la lenteur de leur croissance : ils ne se développent entièrement qu'à l'âge de 6 ou 7 ans.

Des chevaux plus lourds, propres au gros trait, sont fournis par la partie occidentale du Hanovre, connue sous le nom de Frise orientale (voir page 230).

On trouve encore, au haras de Herrenhausen, quelques restes des variétés de chevaux de luxe qui furent autrefois spéciales au Hanovre, notamment des carrossiers noirs et des carrossiers entièrement blancs.

Pl. XXXI. Collection du Dr L. Simonoff.

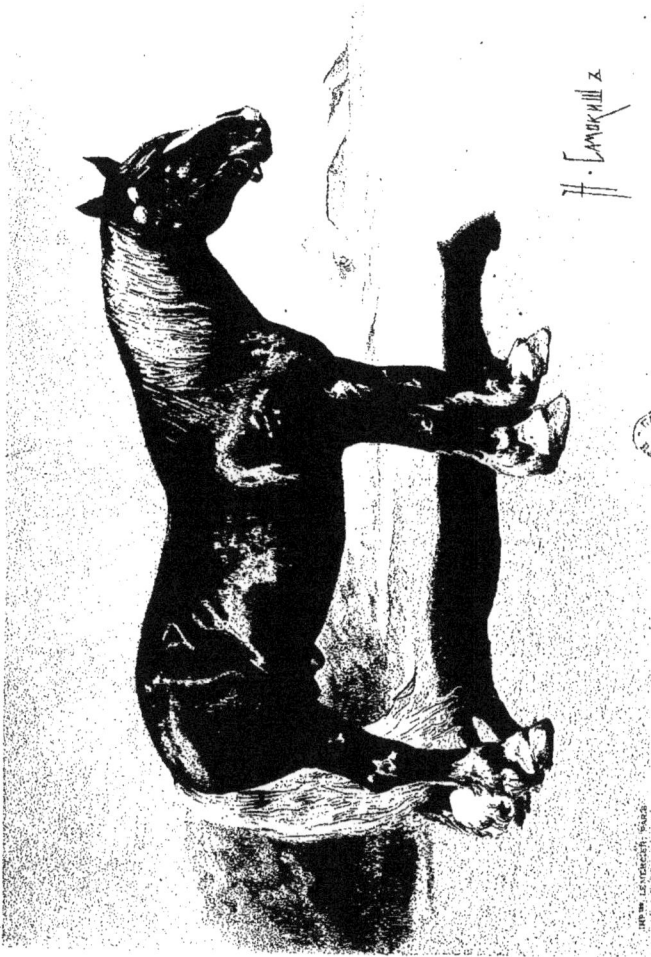

H. LANOKILLL z

LADHORSE (7 ans, taille 1^m,60)

Étalon de race clydesdale du haras de l'État de Derkoul.

IMP^{m.} LEMERCIER, PARIS

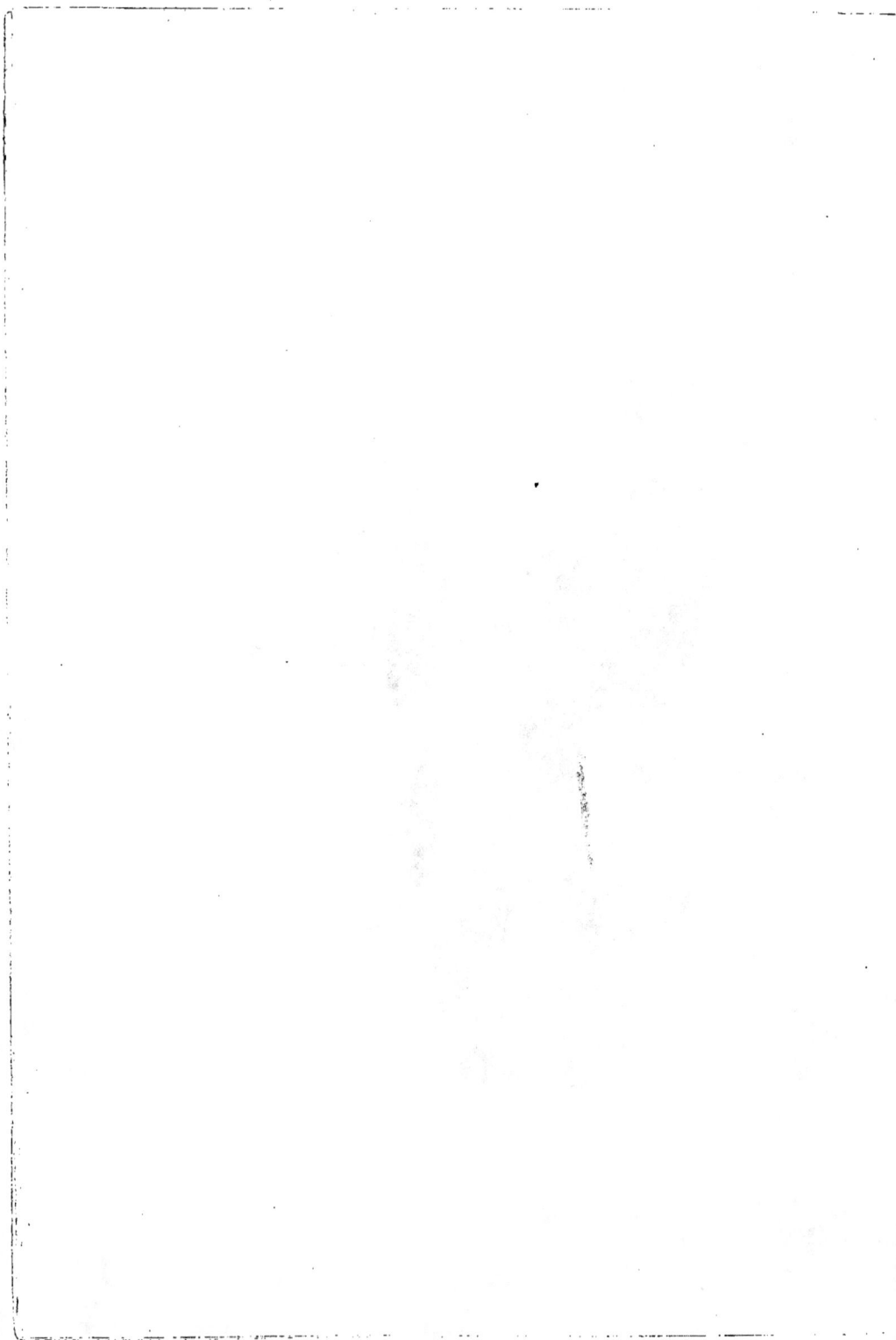

CHAPITRE VI.

LES CHEVAUX OLDENBOURGEOIS.

Les chevaux oldenbourgeois sont sans doute issus de la même source que ceux du Hanovre. Les conditions du climat, du sol et le système d'élevage sont aussi les mêmes dans les deux pays, car dans l'un et l'autre c'est principalement la classe laborieuse des petits propriétaires fonciers qui s'occupe de la production chevaline.

Mais dans l'Oldenbourg on n'essaya pas d'anoblir la race indigène par le pur sang anglais; on se contenta de demi-sang, et le cheval oldenbourgeois resta plus rustique que le hanovrien.

Les chevaux actuels d'Oldenbourg sont les produits du croisement des chevaux indigènes avec des reproducteurs anglais demi-sang. Un étalon bai-châtain, d'origine inconnue, importé de l'Angleterre en 1820, eut une très grande influence; plus tard furent introduits des étalons clevelands et de Yorkshire.

Les chevaux oldenbourgeois sont moins nobles que les hanovriens, mais plus forts et encore plus grands. Leur taille est de 1ᵐ,75 à 1ᵐ,85. La tête ordinairement droite au chanfrein, mais parfois légèrement busquée; l'encolure d'une longueur moyenne, un peu large, mais assez élevée; la poitrine

ample et profonde ; le garrot bas, le dos long et plutôt mou ;
la croupe arrondie, avec une queue attachée assez haut ; les
épaules bien placées ; les membres solides, mais les sabots

Fig. 65. — Cheval oldenbourgeois, bai.
D'après photographie.

larges et fragiles. La musculature en général bien développée.
La robe baie prédomine. Le tempérament est doux et docile ;
les allures sont belles, et pour les petites distances vives et
assez rapides.

À l'encontre des hanovriens, les chevaux oldenbourgeois

croissent vite. Il y en a très peu parmi eux qui soient aptes
à la selle. On les élève tous pour l'attelage. Ils font bonne
mine comme chevaux de harnais ; mais des travaux lourds et
des voyages longs les usent vite.

La figure 65 représente un bon cheval oldenbourgeois.

Les chevaux du Sleswig-Holstein.

Dans le Sleswig-Holstein on élève des chevaux de gros
trait, semblables à ceux du Danemark dont un échantillon
est représenté sur la figure 72. On les vend même souvent
sous le nom de danois. A l'ouest du Holstein on élève aussi
des carrossiers d'une conformation assez noble.

CHAPITRE VII.

LES RESTES DES RACES INDIGÈNES PRIMITIVES.

Il reste bien peu de sujets des races indigènes en Allemagne.

Dans la partie de la Prusse orientale habitée par les Mazures, et aux environs de Memel et de Tilsit, il existe encore un certain nombre de chevaux de l'ancienne race indigène, la *race lithuanienne*. Ce sont de petits chevaux d'une assez belle apparence, à la tête relativement grande et à l'encolure courte. Ils viennent probablement de la même source que les chevaux des provinces limitrophes de la Russie. Il est très douteux néanmoins qu'on en puisse encore trouver beaucoup entièrement purs. Dans tous les cas, leurs jours sont comptés.

A l'autre bout de l'Allemagne, dans la partie méridionale de la Bavière, nous retrouvons les *chevaux de Pinzgau*, ces représentants relativement purs du type primitif occidental dont nous avons déjà fait la description au commencement de ce livre (voir page 16 et figure 12), et auxquels nous reviendrons encore en parlant des chevaux autrichiens.

En Bavière aussi, dans le village de *Feldmoching*, près de Munich, s'est miraculeusement conservé un petit groupe de chevaux primitifs appartenant au type entièrement opposé, c'est-à-dire au type oriental.

C'est tout ce qui reste maintenant en Allemagne des anciennes races primitives.

SIXIÈME PARTIE

LES CHEVAUX AUSTRO-HONGROIS

Le chiffre de la population chevaline de l'Autriche-Hongrie s'élève à plus de 3.500.000, ce qui fait à peu près 10 chevaux par 100 habitants. De ce nombre environ 2 millions ou presque les deux tiers appartiennent à la Hongrie et seulement un peu plus d'un tiers, soit 1.548.197 chevaux (1), à l'Autriche. Et comme la moitié des chevaux autrichiens revient à la Galicie et à la Bukovine (à la Galicie seule environ 700,000), on peut compter que la moitié orientale de l'Empire, celle qui confine à la Russie, contient environ les six septièmes de toute la population chevaline de l'Autriche-Hongrie.

(1) Recensement de 1890.

CHAPITRE PREMIER.

ORIGINE DES CHEVAUX AUSTRO-HONGROIS.

La majorité des chevaux indigènes de l'Autriche-Hongrie sont de la même origine orientale que les chevaux russes. En Hongrie, en Galicie, en Bukovine, en Silésie et en Moravie ils rappellent les chevaux de paysans russes (voir les figures 29, 32, 33 et 34), par leur petite taille (de $1^m,24$ à $1^m,50$), leurs formes anguleuses et sèches ou plutôt maigres (faute d'une nourriture suffisante), leur peu de force joint à une résistance et une énergie extraordinaires dans un corps aussi chétif. La ressemblance est d'autant plus compréhensible, que les ancêtres de la plupart de ces chevaux sont venus de l'est, c'est-à-dire de la Russie, et que l'importation des chevaux russes dans les pays mentionnés a lieu annuellement, et se continue sans interruption jusqu'à présent.

En Bohême et dans l'Autriche proprement dite (dans l'archiduché d'Autriche), le caractère des chevaux change. Ils sont plus grands de taille et d'une autre conformation. Sous Charles Quint et ses héritiers, pendant l'union dynastique de l'Autriche avec l'Espagne et l'Italie, la population chevaline de ces deux provinces subit fortement l'influence des chevaux

espagnols et napolitains, beaucoup plus sensible là que dans
aucun autre pays de l'Europe. Les traces visibles de cette
influence ont persisté jusqu'à nos jours.

En Bohême, les chevaux du haras de *Kladrub* conservent
jusqu'à présent entièrement intacts tous les traits caractéristiques des anciens chevaux espagnols (voir pages 244-245).
La Bohême est renommée pour ses chevaux de harnais,
forts et de grande taille. Les meilleurs sont élevés dans
l'arrondissement de *Chrudim* (1); ils contiennent dans leurs
veines non seulement le sang espagnol et napolitain, mais
aussi celui des reproducteurs anglais, mecklembourgeois et
holsteinois.

Dans l'archiduché d'Autriche les chevaux de trait de *March-
feld* sont très connus; ils sont assez hétérogènes de formes,
mais grands et rapides; on en rencontre beaucoup parmi les
chevaux de fiacres, à Vienne.

Dans la région de Salzbourg, en Styrie, Carinthie, Tyrol,
et en partie dans l'Autriche supérieure dominent les chevaux
de gros trait de *la race de Pinzgau* que nous avons déjà
décrits en détail en parlant des chevaux du type occidental
ou norique (voir pages 16 et 17. C'est la seule race de gros
trait en Autriche-Hongrie.

Un des meilleurs exemplaires des chevaux de Pinzgau est
reproduit fig. 66.

Parmi les autres races indigènes plus ou moins typiques
on peut mentionner les jolis petits *poneys* élevés en Dalmatie
et dans l'île Veglia, appartenant à l'Istrie; les ancêtres de
ces derniers furent au dix-huitième siècle importés de la
Corse. Les petits chevaux de montagne, trapus et résistants,
connus sous le nom de *huzules* (*Huzulen*) et élevés sur les

---

(1) *Chrudim* et *Kladrub* sont situés dans le voisinage de *Pardubitz*.

Carpathes en Bukovine et dans les parties limitrophes de la Galicie ; leur taille est de 1ᵐ,24 à 1ᵐ,35. Un peu plus grands, mais très ressemblants par leur constitution et leurs qualités morales sont les chevaux de *Hafling*, en Tyrol, près de Meran ; on croit qu'ils descendent des chevaux amenés ici, sous Charles IV (en 1342), de la Bourgogne.

Les chevaux de haras — voir pages 243 et suiv.

Les habitants de l'Autriche-Hongrie sont en général grands amateurs de chevaux, mais surtout les Hongrois et les Slaves. Le gouvernement autrichien d'abord, puis le gouvernement austro-hongrois s'est toujours distingué par les soins particuliers avec lesquels il a traité la question de la production chevaline. Mais la composition hétérogène de l'Empire ne laissa pas d'avoir une grande influence sur la direction qu'y a prise l'élève de chevaux. Il y manque cette unité de système qui a permis, en France et en Prusse, de créer des types généraux d'après lesquels se transforme progressivement toute la population chevaline du pays. En Autriche-Hongrie, les haras de l'État et beaucoup de haras privés produisent des chevaux excellents. Mais chaque haras travaillant d'après son propre programme, les résultats obtenus sont très variés. C'est pourquoi, en Autriche-Hongrie, on n'a pu, jusqu'à présent, créer des types semblables à l'anglo-normand français ou à l'est-prussien de l'Allemagne. Il faut ajouter encore qu'en Autriche-Hongrie l'élément amateur joue toujours un rôle trop grand, même dans les haras de l'État. En cela elle ressemble plutôt à la Russie qu'à la France ou à l'Allemagne.

Le but principal du gouvernement austro-hongrois est le même qu'en France et en Allemagne ; c'est de créer des chevaux aptes au service militaire. Il n'y a pas longtemps encore, la direction des haras était entièrement entre les mains du Ministère de la guerre ; tous les haras de l'État

Pl. XXXii. Collection du Dr L. Simonoff

PAGE (*Pages*) taille 1^m60^c
Etalon percheron du haras de l'Etat de Œrkeul.

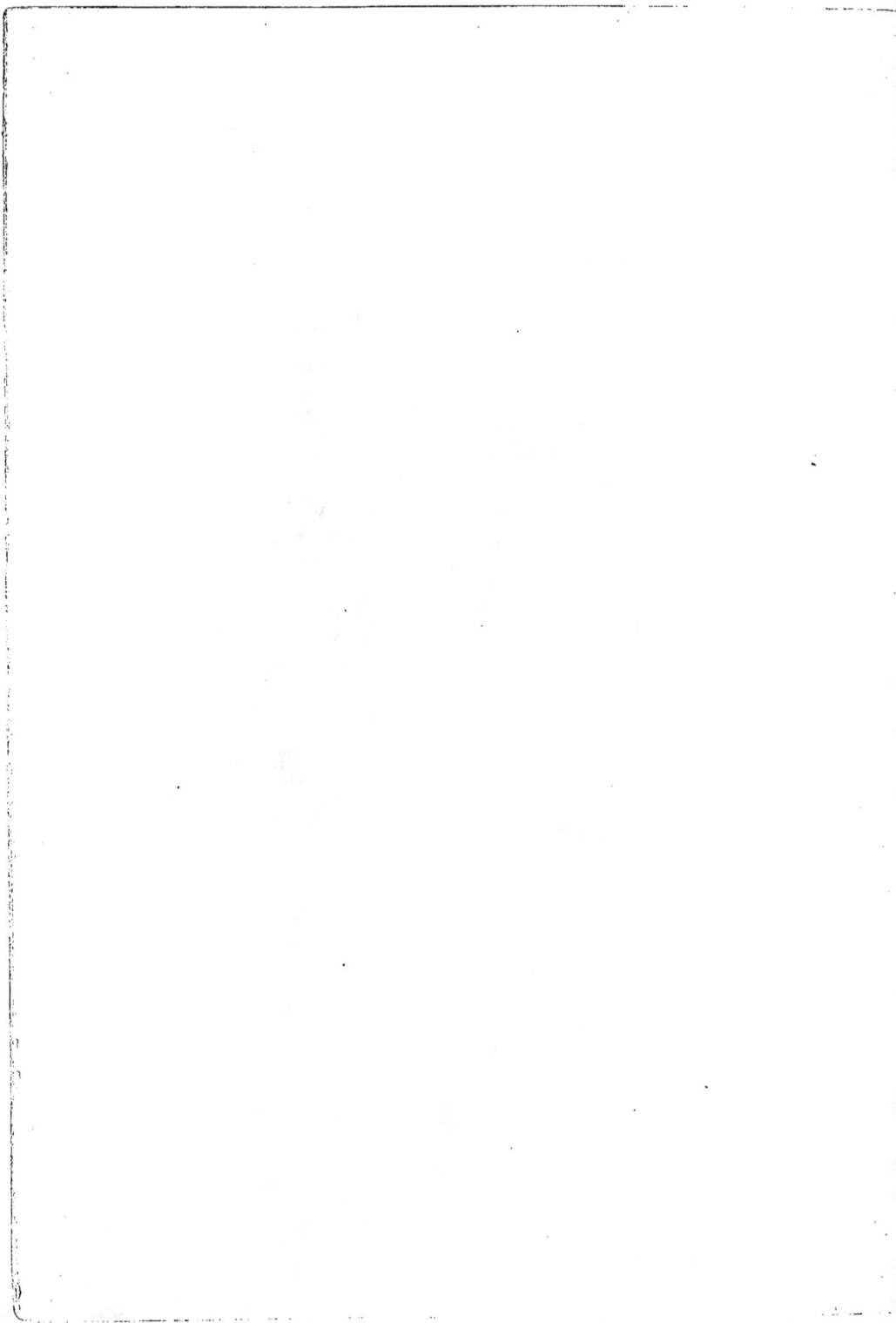

étaient des haras militaires (*Militargestüte*) et tous les dépôts d'étalons des dépôts de remontes (*Beschälremonti-
rungs-Depots*). Ce n'est qu'en 1869 que la Direction des
haras fut confiée au Ministère de l'agriculture (*Ackerbau*

Fig. 66. — *Cheval de Pinzgau*, étalon à robe tigrée.
D'après la photographie faite au concours hippique de Vienne. (Reproduction de la fig. 12.)

ministerium), les haras militaires furent transformés en
haras de l'État (*Staatsgestüte*) et les dépôts de remontes en
dépôts d'étalons de l'État (*Staatshengsten-Depots*). Mais le
personnel dirigeant dans les dépôts est resté jusqu'à présent
militaire, car c'est toujours les dépôts qui achètent et gardent,
pendant un certain temps, les chevaux destinés à l'armée.

Tous les moyens d'encouragement de la production usités en France et en Allemagne sont aussi employés en Autriche-Hongrie : l'approbation avec primes des étalons privés, l'examen de tous les étalons destinés à la monte publique, la distribution des primes aux concours hippiques, etc.

L'Autriche et la Hongrie possèdent chacune une direction des haras indépendante ; en outre la Croatie-Slavonie a une administration des haras autonome. Mais les règles de la direction sont les mêmes dans ces trois parties de l'empire.

CHAPITRE II.

LES HARAS ET LES DÉPOTS D'ÉTALONS.

L'État possède à présent six haras : quatre en Hongrie et deux en Autriche. En Hongrie : le haras de *Mezohëgyes,* dans l'arrondissement ‛comitat‛ d'Aras ; celui de *Babolna,* dans l'arrondissement de Komorn ; celui de *Kisber,* non loin de Babolna et. depuis 1874, celui de *Fogoras,* en Transylvanie. En Autriche : le haras de *Radautz,* dans la Bukovine et celui de *Piber,* en Styrie. En outre il y a en Autriche deux grands haras de la cour : un à *Kladrub,* en Bohême et l'autre à *Lippiza,* aux environs de Trieste.

Le haras *Mezohëgyes* est le plus grand de tous les haras de l'État. Par son importance et son système d'élevage, il correspond au haras de Trakehnen en Prusse, à l'instar duquel il produit des chevaux d'attelage et de selle de quatre robes distinctes : bais, alezans, noirs et gris ; mais ces chevaux sont plus riches en sang oriental que ceux de Trakehnen. Il y a quelques années le haras possédait environ 700 poulinières et 25 étalons : des pur sang et des demi-sang anglais et arabes, des anglo-arabes, des normands, des norfolks, quelques-uns de la race de Lippiza et de celle de Kladrub.

Le haras de *Babolna* (170 poulinières et 12 étalons) élève

exclusivement les pur sang et les demi-sang arabes, et le haras de *Kisber* (195 poulinières et 12 étalons) les pur sang et les demi-sang anglais.

Le haras de *Fogoras* fut fondé, en 1874, avec des poulinières de Lippiza (voir page 243) et des étalons issus du sang espagnol.

Le haras de *Radautz*, en Bukovine, fut créé en 1792 avec des chevaux indigènes et des chevaux importés de la Petite Russie, des plaines du Don, du Caucase et de la Perse ; plus tard on y ajouta des reproducteurs turcs, de Lippiza et un étalon barbe. Mais c'est seulement après l'introduction de quelques étalons arabes que le haras a acquis sa physionomie actuelle. A présent il possède 350 poulinières et 20 étalons ; en 1877 les 348 poulinières se répartissaient ainsi : 145 demi-sang arabes, 118 demi-sang anglais (1), 6 pur sang arabes, 3 pur sang anglais, 48 de Lippiza et 28 anglo-normands.

Le haras de *Piber*, qui avait été supprimé en 1878, est rétabli depuis cinq ans ; on l'a peuplé avec des étalons et des juments venus de *Radautz*.

Les deux haras de la cour, à *Kladrub* et à *Lippiza*, furent créés avec les chevaux de l'ancienne race espagnole.

Au *haras de Kladrub*, en Bohême, fondé il y a plus de 200 ans, l'ancienne race espagnole s'est conservée jusqu'à présent dans toute sa pureté, bien que, pour prévenir l'influence dégénératrice de la trop proche parenté, on fût obligé d'introduire parmi les reproducteurs quelques étalons de sang étranger ; mais on tâchait de choisir des individus d'une conformation analogue et d'origine semblable ; tels furent, par exemple, l'étalon gris qui fut acquis pour le ha-

_____

(1) Parmi ces derniers 28 norfolks.

ras en 1843 de l'attelage du Pape, et l'étalon noir du haras Mezohëgyes, transporté à Kladrub en 1865.

Comme nous l'avons déjà dit, la race de Kladrub conserve jusqu'à présent tous les traits caractéristiques des anciens chevaux espagnols. Taille de 1ᵐ,70 à 1ᵐ,85. Tête longue et busquée, assise sur une encolure élevée et fièrement arquée ; dos long ; croupe courte, large et légèrement avalée ; poitrine assez étroite et épaules courtes, mais bras longs. Membres forts et musculeux, genoux loin de terre, jarrets coudés et paturons mous. Queue et crinière longues et touffues. Robe ordinairement grise ou noire. Allures grandioses, mais lentes. On ne peut pas comparer les kladrubs aux chevaux espagnols actuels, entièrement dégénérés (voir la figure 73) ; ils ressemblent plutôt au portrait reproduit figure 74 et qui représente un des chevaux mexicains qui descendent directement, comme on sait, des chevaux laissés par les Espagnols en Amérique, lors de la conquête par eux de ce continent.

Dans le haras de Kladrub il y a environ 100 poulinières ; mais 30 ou 40 seulement appartiennent à la pure race kladrubienne ; parmi les autres figurent les pur et les demi-sang anglais, les norfolks, les anglo-normands, etc. Cependant, les chevaux des autres races ne sont jamais mêlés avec les kladrubs ; ils servent à former de grands et robustes chevaux d'attelage nécessaires pour le service courant de la cour impériale, car les kladrubs ne sont employés que dans les cas exceptionnels, comme chevaux de parade (de selle ou de harnais).

Le haras de Lippiza est situé aux environs de Trieste, sur le plateau élevé de Carso (en allemand Karst), dont les chevaux étaient renommés pour leur force et leur résistance extraordinaire déjà du temps des Romains. Pour fonder le

. haras (en 1580) on y amena d'Espagne 3 étalons et 24 poulinières andalouses. Plus tard on ajouta quelques étalons de
races parentes, notamment espagnols, napolitains et de Polésina (1); plus tard encore on employa des reproducteurs
orientaux. Du croisement de tous ces chevaux avec ceux
de la race indigène de Carso sont issus les lippizans actuels. Ils appartiennent franchement au type oriental. Leur
taille ne dépasse pas 1^m,60. Leurs formes sont belles, leurs
membres secs et forts, leurs allures rapides et leur résistance
très grande. La robe est le plus souvent grise. Ils servent
dans les écuries impériales comme chevaux de poste, précisément à cause de leur grande résistance et de leur rapidité.
Mais il y a en eux aussi tout ce qu'il faut pour faire d'excellents chevaux de selle.

L'Autriche-Hongrie possède un grand nombre de haras
privés dont plusieurs sont célèbres. La plupart sont en
Hongrie et dans les provinces slaves de l'Autriche, en
Bohême, Moravie, Galicie et Bukovine. Dans les provinces
peuplées par les Allemands prédominent, au contraire, les
petits éleveurs; la célèbre race de Pinzgau est élevée exclusivement par de petits propriétaires fonciers.

Dans les grands haras privés, aussi bien que dans les
haras de l'État, on élève principalement les pur sang et surtout les demi-sang anglais et arabes. Jadis prévalait le sang
arabe, mais maintenant, comme partout dans l'Europe, l'anglais joue le premier rôle. Le nombre des haras produisant
le pur sang et le demi-sang anglais augmente chaque année;
les haras de pur sang arabe, au contraire, deviennent plus
rares. Cependant, l'arabe est toujours très estimé en Au-

---

(1) Les chevaux de Polésina descendaient des napolitains et ces derniers des
espagnols.

triche-Hongrie, et les demi-sang austro-hongrois sont probablement plus riches en sang arabe que ceux de la Prusse.

La figure 67 représente le demi-sang d'un des haras
privés de Hongrie. On y voit très nettement l'influence du
sang arabe, beaucoup plus nettement que dans les est-prus-

Fig. 67. — Un demi-sang hongrois du haras de la comtesse Lazansky-Szombashely; 5 ans,
noir. Variété d'attelage. Figurait au concours hippique, à Vienne.

siens reproduits figures 62 et 63; dans ces derniers, c'est,
au contraire, le sang anglais qui prédomine incontestablement.

Le nombre de *dépôts d'étalons* '*Staatshengst-Depots*' pour
les deux moitiés de l'Empire est limité à 10, dont 5 pour
l'Autriche et 5 pour la Hongrie avec la Croatie-Slavonie. En

1891, dans tous les dépôts, il y avait 4.786 étalons : 1.977 en Autriche, 2626 en Hongrie et 183 en Croatie-Slavonie.

4.786 étalons de 1891 se répartissaient ainsi :

ÉTALONS.	Autriche.	Hongrie.	Croatie-Slavonie.	TOTAL.
Pur sang anglais	73	252	9	334
Demi-sang anglais	717	1001	40	1758
Norfolks	254	40	5	299
Pur sang arabes.	19	27	18	64
Demi-sang arabes.	318	356⟩609	25⟩29	699⟩956
Demi-sang arabes de la famille Gidran (1).	—	253⟩	4⟩	257⟩
Anglo-arabes.	—	—	5	5
Lippizans.	83	210	44	337
Kladrubs.	13	—	—	13
Normands de la famille *Nonius* (2). . . .	84	413	13	510
De gros trait	416	74	20	510
Total.	1977	2626	183	4786

(1) *Gidran* fut un des étalons arabes qui a laissé au haras de Mezohëgyes une postérité qui porte son nom.

(2) *Nonius*, étalon anglo-normand, né dans le Calvados, en 1810, d'*Arion* qui, par *Marmotin*, était d'origine anglaise. En 1814, *Nonius* fut pris par les Autrichiens au dépôt de Rosières et transféré au haras de Mezohëgyes où il a laissé une grande famille.

Chaque année les étalons sont distribués dans les stations dont le nombre en 1891 était, en Autriche, de 495, en Hongrie, de 861 et en Croatie-Slavonie, de 98.

Un certain nombre d'étalons est placé annuellement chez des éleveurs particuliers ou loué pour la durée de la monte.

La plupart des étalons sont fournis par les haras de l'État ; ce qui manque est acheté dans les haras particuliers et en partie à l'étranger.

CHAPITRE III.

D'après le tableau ci-contre de la distribution des étalons, on voit que l'amélioration et la transformation de la
population chevaline en Autriche-Hongrie, comme partout
dans l'Europe occidentale, se fait principalement dans le sens
du demi-sang, et que ce sont les reproducteurs du sang
anglais qui dominent : les pur sang, les demi-sang anglais
et les norfolks font ensemble la moitié de tous les étalons
des dépôts. Mais le nombre des reproducteurs appartenant
au sang oriental est encore assez grand, surtout en Hongrie, pour modifier sensiblement l'influence du sang anglais;
parmi ces reproducteurs doivent être compris non seulement les arabes, demi-arabes et les anglo-arabes, mais
aussi les lippizans (voir *le haras de Lippiza,* page 245).
C'est pourquoi la plupart des demi-sang austro-hongrois
sont encore riches en sang oriental et en portent les signes dans leur extérieur, surtout en Hongrie (voir page 246
et figure 67), d'autant plus que la plupart des chevaux indigènes de la Hongrie et de la moitié orientale de l'Autriche
(notamment de la Galicie et de la Bukovine) sont eux-mêmes
d'origine orientale (voir page 238).

Les étalons de gros trait ne représentent qu'une petite minorité dépassant à peine la dixième partie du nombre total des étalons; à l'exception de 74, ils sont tous employés en Autriche et dans celle-ci presque exclusivement dans les provinces du Sud-Ouest, précisément là où la race de Pinzgau est indigène (voir page 239).

Dans la province de Salzbourg et en Tyrol ne fonctionnent que les étalons de gros trait. La grande majorité de ces étalons appartient à la race de Pinzgau; environ un tiers aux races belges et quelques-uns sont d'origine différente.

En Hongrie en 1894 il n'y avait que 74 étalons de gros trait (tous de la race de Pinzgau); ils y sont remplacés par les étalons normands de la famille *Nonius*.

La distribution des étalons est faite d'une manière très inégale et pas du tout proportionnelle aux chiffres de la population chevaline dans les différentes provinces.

Dans la moitié autrichienne de l'Empire, en Bohème, Moravie et dans la basse Autriche pour la population chevaline ne dépassant pas 400.000 têtes on emploie 859 étalons, c'est-à-dire plus de 2 étalons pour 1.000 chevaux; tandis qu'en Galicie il n'y a que 358 étalons pour 700.000 chevaux ou environ 1 étalon pour 2.000 chevaux.

En Hongrie les mieux dotées sont les régions situées au sud-ouest, les comitats Bocs-Bodrog, Torontal, Pest-Pilis-Solt et Samogyer avec le district Klein-Kumanien qui comptent ensemble 132 stations d'étalons. Les moins favorisées sont, au contraire, les provinces du Nord, limitrophes de la Galicie; ainsi pour les comitats Turosz et Lipto il n'y a qu'une station d'étalons.

En général, la Galicie et le nord-est de la Hongrie sont les parties de l'Empire où l'amélioration et la transformation de la population chevaline progresse le moins, bien qu'en Galicie il y ait plusieurs haras privés très importants.

En Hongrie le progrès se fait sentir surtout au sud et au sud-ouest, non seulement parce qu'il y a là plus de stations d'étalons (voir plus haut), mais aussi à cause du voisinage de grands haras de l'État et de haras privés. Sous ces influences il s'y est élaboré déjà depuis plusieurs années, notamment dans le Banat et en Slavonie orientale, un type de chevaux plus grands de taille et plus nobles d'apparence, connus sous le nom de *yuckers*.

En Autriche, c'est dans la Bohême que la production chevaline prospère plus que dans aucun autre pays de l'Empire uni. Nous avons déjà parlé de l'amélioration et de la transformation que les chevaux de la Bohême subirent, dans les temps passés, sous l'influence du croisement avec les reproducteurs espagnols, napolitains, danois, mecklembourgeois, etc. (voir pages 238 et 239). Aujourd'hui aussi tout contribue à les rendre meilleurs : le haras de Kladrub et beaucoup de haras privés de premier ordre; deux grands dépôts d'étalons à Prague et à Klosterbruck) qui fournissent au pays, annuellement, plus de 500 étalons (en 1891 il y en avait 508), ce qui est plus que suffisant pour une population chevaline ne dépassant pas 200,000 têtes et qui est déjà bonne en elle-même.

Les provinces du sud-ouest de l'Autriche sont, comme nous l'avons déjà dit, spécialement destinées à l'élève des chevaux de gros trait, notamment des chevaux de la race de Pinzgau que l'on élève en partie pure et en partie croisée avec des reproducteurs étrangers du même type, aujourd'hui le plus souvent avec des étalons belges. Grâce aux soins particuliers qu'y apporte la Direction générale des haras, cet élevage est maintenant en voie de progrès.

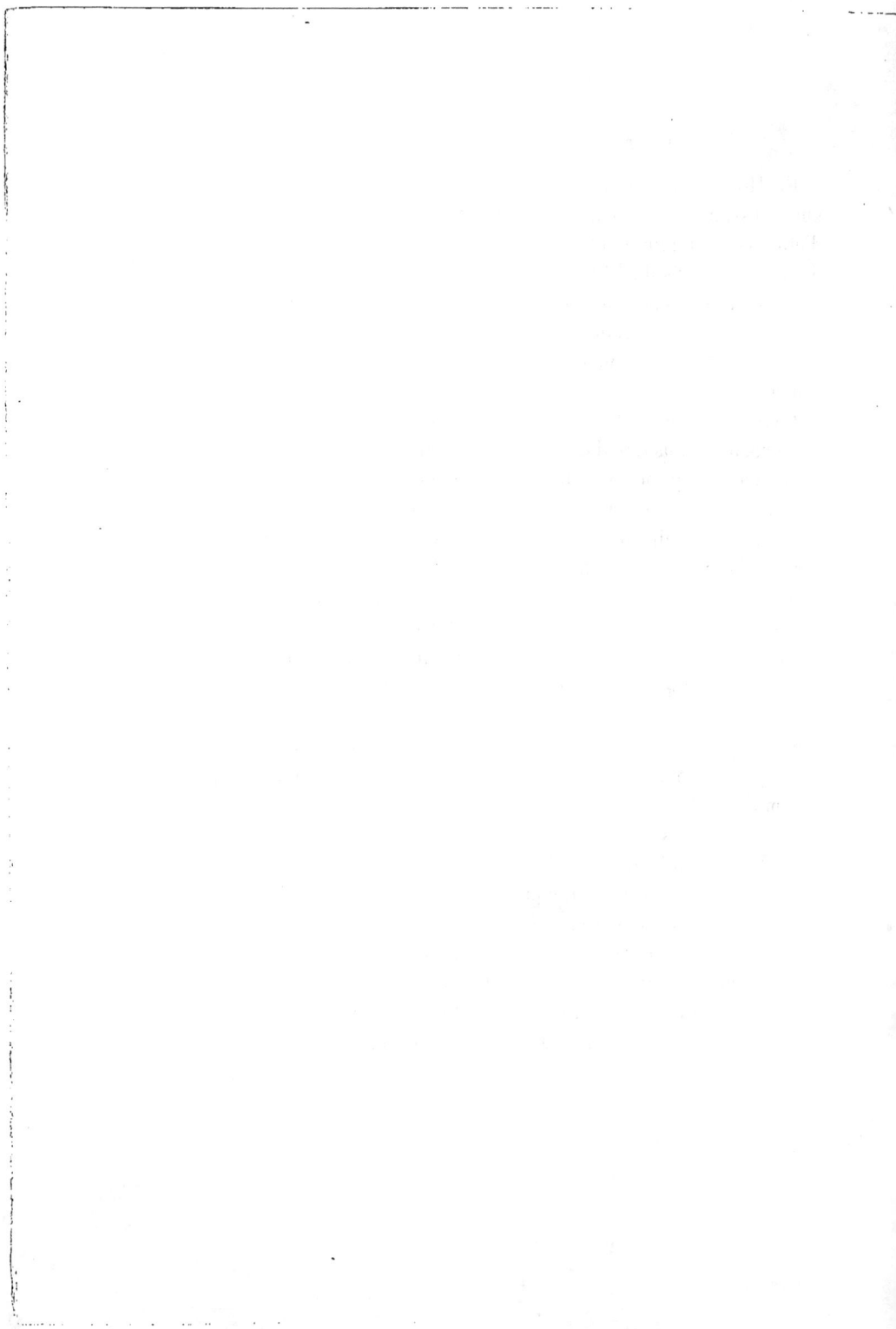

SEPTIÈME PARTIE

LES CHEVAUX DES AUTRES PAYS DE L'EUROPE.

Ces autres pays sont : l'Italie, l'Espagne et le Portugal, la Belgique, la Hollande, le Danemark, la Suède et la Norvège, la Suisse et les États de la péninsule Balkanique. La population chevaline de tous ces pays, pris ensemble, n'excède pas 3 millions ou 3 millions et demi, dont environ 700,000 ou 750,000 ? appartiennent à l'Espagne (1) et au Portugal, un peu plus de 700,000 à l'Italie et environ 650,000 à la Suède et la Norvège. Le Danemark possède plus de 375,000 chevaux, la Belgique plus de 270,000, la Hollande plus de 275,000 et la Suisse un peu plus de 100,000. Le nombre de chevaux de la péninsule Balkanique est difficile à calculer, même approximativement. Dans tous les cas, il doit compter plusieurs centaines de mille.

Mais l'importance hippique de ces pays n'est pas du tout proportionnelle aux chiffres qui représentent le nombre respectif de leur population chevaline.

---

(1) Le chiffre de la population chevaline en Espagne est très incertain : les uns l'estiment de 650.000 à 700.000 têtes, les autres à moins de 400.000.

Sous ce rapport, la première place appartient à la Belgique, viennent ensuite la Suède et la Norvège, puis le Danemark et la Hollande, bien que ces deux derniers pays aient beaucoup perdu de l'importance hippique qu'ils ont eue pendant les deux derniers siècles. L'Espagne et l'Italie, malgré leur richesse relative en chevaux, occupent maintenant le plus bas degré sur l'échelle hippique et ne sont, pour ainsi dire, dignes de mention, qu'à cause de leurs souvenirs glorieux. En Espagne se sont conservés encore quelques restes, bien que dégénérés, des anciennes races. L'Italie a tout perdu.

CHAPITRE PREMIER.

LES CHEVAUX SUÉDOIS ET NORVÉGIENS.

Le chiffre de la population chevaline de la presqu'île scandinave en 1890 était de 638,302, dont 487,429 appartenaient à la Suède et 150,873 à la Norvège.

Par la grandeur de leur taille, par leur conformation robuste et trapue, leur résistance, leurs allures sûres et leur tempérament docile, les chevaux des deux pays se ressemblent entre eux et rappellent beaucoup nos chevaux finois (voir page 77, figure 28 et planche XIX); élevés, comme ces derniers, au milieu des montagnes, ils sont aussi bons pour tous les usages, mais surtout pour le harnais. De même que parmi nos finois, on trouve parmi eux de très bons trotteurs. Ils se rapprochent aussi de nos finois par les couleurs de leur robe, ordinairement claires : bai clair, alezan, souris ou isabelle, souvent avec la raie de mulet ; rarement gris.

Sans doute il y a des différences entre les chevaux de la Suède, de la Norvège et de la Finlande, et même dans chacun de ces pays les chevaux de montagnes diffèrent de ceux de plaines, ces derniers étant ordinairement moins secs et plus grands de taille que les premiers, mais le type général est le même dans tous.

Nous donnons, figure 68, un exemplaire du cheval norvégien. Il ressemble non seulement à nos chevaux finois
(figure 28 et planche XIX), mais aussi à nos kleppers esthoniens (figure 27 et planche XVIII), ce qui prouve en faveur

Fig. 68. — Cheval norvégien.
D'après photographie.

de notre supposition de la parenté de ces deux races chevalines (voir page 77).

Aussi bien qu'en Finlande, l'élève des chevaux en Suède
et en Norvège est entièrement entre les mains des paysans,
propriétaires de petits lots de terre.

En Suède il existe quelques grands haras, dont quelques-
uns élèvent les pur sang et les demi-sang anglais.

CHAPITRE II.

La Belgique avait de bons chevaux dès le temps des Romains. En 57 av. J.-C., César y trouva des chevaux qui n'étaient pas beaux, mais très robustes et fort endurants, aussi propres à la selle qu'à l'attelage. Pendant les premiers siècles de notre ère, les Barbares y importèrent des chevaux lourds du type occidental; et plus tard, au temps des croisades, furent introduits des chevaux orientaux. Bien que dans les chevaux actuels de la Belgique prédomine le type occidental, on voit en eux cependant des traces irrécusables laissées par les chevaux du type oriental, notamment dans la conformation assez noble de leur tête.

La Belgique élevait toujours des chevaux grands, gros et forts. A présent elle est renommée pour ses chevaux de gros trait.

Le gouvernement belge ne prit jamais une part active dans l'élève des chevaux du pays. Aujourd'hui son intervention se limite à la surveillance des étalons privés destinés à la monte publique, à l'encouragement pécuniaire des concours hippiques, et à la distribution des primes aux propriétaires qui conservent de bons étalons et poulinières dans le pays. Cette dernière mesure a été prise pour diminuer l'exportation trop active des meilleurs chevaux à l'étranger.

Il n'existe pas non plus en Belgique de grands haras privés; la production chevaline y est entièrement entre les mains des petits propriétaires fonciers.

Tous les chevaux belges appartiennent à la même race

Fig. 69. — *Coco*, étalon ardennais, acheté en Belgique pour les haras de l'État russes.
D'après photographie.

que l'on pourrait appeler *belge*. Mais il y a plusieurs variétés : flamande, brabançonne, ardennaise, celle du Hainaut et autres dont les principales sont : la variété *flamande* et la variété *ardennaise*. La première est propre aux

contrées basses, la seconde est, au contraire, élevée dans les
parties montagneuses de la Belgique.

Le cheval flamand est un des chevaux de gros trait
le plus grand et le plus lourd. D'une conformation mas-

Fig. 70. — Cheval des environs de Namur.

sive et d'une taille de 1ᵐ,75 à 1ᵐ,82, il a la tête assez
noble, le plus souvent droite au chanfrein, mais en comparaison avec le corps, disproportionnellement petite ; l'encolure, au contraire, est lourde, épaisse, large et courte ; le
garrot bas (plus bas que la croupe), le dos aussi bas et ordinairement ensellé ; la croupe courte, large, double et avalée

avec la queue attachée bas. La poitrine ample, les épaules droites, charnues et souvent chargées de graisse. Les membres de l'arrière-main sont assez bien bâtis, musculeux et robustes; ceux de l'avant-main ont la musculature plus faible, les genoux un peu étroits et trop plats, les canons grêles et trop ronds. Les paturons droits et courts, les sabots larges. Leur tempérament mou et leurs allures lentes les font propres seulement pour les travaux au pas. La croissance rapide est une de leurs qualités; on commence à les employer dès l'âge de deux ans.

Le cheval ardennais est du même type, mais d'une taille plus petite, de 1^m,60 à 1^m,65, et d'une constitution beaucoup plus ramassée et plus harmonieuse. Ses membres sont plus secs, plus solides et doués d'une musculature bien développée. Le caractère du cheval est plus vif et ses mouvements plus rapides; il trotte facilement et est bon non seulement pour les travaux de trait ou d'agriculture, mais aussi comme carrossier. C'est le meilleur cheval belge; mais son exportation à l'étranger est si grande qu'il devient rare même dans sa patrie. La figure 69 reproduit le portrait d'un excellent cheval ardennais.

Aujourd'hui on élève en Belgique plus souvent des variétés moyennes entre la flamande et l'ardennaise. Un échantillon d'une de ces variétés est représenté figure 70. On trouve beaucoup de chevaux de cette variété dans les régions de Namur et de Liège. Leur taille est de 1^m,65 à 1^m,70.

La robe des chevaux belges est variée; on rencontre beaucoup de rouans.

En 1880 la Belgique possédait 271,974 chevaux.

Les chevaux de races belges, surtout de la variété ardennaise, sont élevés aussi dans le *Luxembourg*, dont la population chevaline est d'environ 20,000 têtes.

CHAPITRE III.

En Hollande, aussi bien qu'en Belgique, il n'y a ni haras de l'État ni grands haras particuliers, et la production chevaline est exclusivement l'œuvre de la population agricole du pays. Comme en Belgique et dans presque tous les pays où l'élève des chevaux reste entre les mains de cette classe laborieuse, on ne produit dans la Hollande que des chevaux *utiles*, c'est-à-dire plus ou moins grands et gros. Mais le type des chevaux hollandais est autre que celui de la Belgique, à l'exception cependant des régions limitrophes à celle-ci où le type hollandais se confond avec le belge.

L'origine des chevaux hollandais est très obscure. Il est certain cependant qu'il y a dans leurs veines beaucoup de sang de l'ancienne race espagnole, et peut-être une dose plus ou moins grande de sang danois. Dans notre siècle on leur a infusé du sang anglais.

On voit encore à présent les traces de l'ancienne race espagnole, dans la conformation du carrossier hollandais. Par exemple, les formes du cheval hollandais représenté figure 71 ressemblent en plusieurs points à celles du cheval mexicain reproduit par la figure 74, et le cheval mexicain est, comme on le sait, le descendant direct de l'ancienne race espagnole.

Au dernier siècle, la Hollande était célèbre par ses trotteurs

Fig. 71. — Cheval hollandais.
D'après la photographie de J. Delton (*Photographie hippique*).

le plus souvent à robe noire. Ils servirent de base pour la création des trotteurs russes (page 96) et des norfolks (page 134). Mais on ne s'occupe plus en Hollande de l'élevage spécial des trotteurs. Ceux que l'on y rencontre maintenant ne sont que les restes plus ou moins dégénérés de l'ancienne race.

Nous reproduisons, figure 71, le portrait d'un des chevaux hollandais modernes.

Sa conformation est typique, mais sa robe est exceptionnelle : sur le fond alezan, des taches blanches d'un dessin
bizarre.

Dans le nord de la Hollande, en Frise et Groningue,
domine le type carrossier reproduit figure 71. La taille
est de 1ᵐ,69 à 1ᵐ,75. La tête longue, étroite et légèrement
busquée ; l'encolure longue, élevée et bien arquée ; le dos
long, souvent un peu ensellé ; la croupe courte et arrondie,
avec une queue attachée bas. Les membres relativement
longs et assez grêles, rarement bien musclés ; les paturons
mous, les sabots grands et plats. La crinière, la queue,
le toupet et les fanons longs et touffus (les fanons du cheval
représenté par la figure 71 sont coupés). Le tempérament
plutôt mou, mais les mouvements libres, larges et souvent
très rapides. La robe noire prédomine encore, mais d'autres
couleurs ne sont pas rares non plus.

Au sud de la Hollande il y a plus de chevaux de gros trait;
dans les régions voisines de la Belgique ils se confondent
avec les races belges.

En 1889 la population chevaline de la Hollande s'élevait à
276,245.

CHAPITRE IV.

Pendant les deux derniers siècles les chevaux danois avaient une réputation universelle et étaient exportés dans tous les pays de l'Europe.

Les chevaux indigènes primitifs du Danemark n'étaient pas grands, mais robustes. Ils devinrent plus grands sous l'influence des reproducteurs de l'ancienne race espagnole et par suite des soins judicieux apportés à leur élevage.

De tous les haras qui existaient autrefois en Danemark le plus important était sans contredit le haras de *Frederiks-borg* (près de Copenhague), qui fut fondé, en 1562, avec des chevaux de l'ancienne race espagnole auxquels furent ajoutés des chevaux napolitains, turcs, anglais et frisons. Des chevaux espagnols on forma deux variétés : une noire et l'autre baie ; des chevaux anglais, une variété grise et plus tard, avec le concours de deux étalons blancs (un de Wurtemberg et l'autre de Courlande), une sous-variété entièrement blanche (1). Le haras de Frederiksborg était célèbre au dix-huitième siècle. Mais dès les premières années du siècle

(1) Qui à son tour servit de base pour la création de la variété blanche en Hanovre.

courant il commença à péricliter et fut enfin fermé en 1862.

La décadence de la production chevaline dans le pays suivit à peu près la même marche. Le dernier coup lui fut

Fig. 72. — Étalon danois, à robe baie, acheté en 1891 en Danemark pour les haras de l'État russes.

D'après la photographie faite par le Docteur L. Simonoff.

donné par l'annexion du Sleswig-Holstein à la Prusse, car avec ces deux provinces furent séparés du Danemark non seulement des terrains très favorables à l'élève de bestiaux, mais aussi un grand nombre des chevaux qui appartenaient précisément au type le plus utile.

Aujourd'hui la population chevaline du Danemark est as-sez mélangée ; en 1888 elle s'élevait à 375,533.

Dans le Jutland, surtout dans sa partie septentrionale, on élève des chevaux de trait semblables à ceux de Sleswig (voir page 235).

La figure 72 reproduit le portrait d'un de ces chevaux.

Par la grandeur de leur taille et leur conformation, ils se rapprochent beaucoup du bitugue russe (voir page 70 et com-parer la figure 72 avec la figure 26 et la planche XVI). Les couleurs des robes sont variées.

Dans le Seeland et dans toutes les autres îles du Danemark les chevaux sont plus petits de taille, d'une constitution plus ramassée et trapue, à l'encolure courte et épaisse, à la tête large et cunéiforme (se rétrécissant rapidement vers le museau).

Dans certaines contrées du littoral, on trouve de tous petits chevaux, le plus souvent gris, ressemblant aux poneys is-landais et, comme eux, vivant en pleine liberté dans un état demi-sauvage.

Quant aux *poneys d'Islande* (1), ils ont la même conforma-tion que les poneys shetlandais (voir page 153), mais sont un peu plus grands de taille : de 1^m,20 à 1^m,24.

L'élève des chevaux en Danemark est aussi principalement entre les mains des petits propriétaires fonciers.

(1) L'île d'*Islande* appartient au Danemark.

CHAPITRE V.

De tous les pays de l'Europe, l'Italie et le Portugal ont la population chevaline la plus clairsemée, un peu plus de 2 chevaux pour 100 habitants (1). Dans aucun autre pays de l'Europe la proportion ne tombe au dessous de 3,75 % (en Suisse); dans la plupart, elle est beaucoup plus élevée. Le rapport ne devient pas plus favorable si l'on compare le nombre de chevaux avec l'étendue territoriale de l'Italie : on arrive au chiffre 2 par kilomètre carré.

Cette pauvreté numérique dénonce déjà l'état peu florissant de l'élève de chevaux en Italie; mais il apparaît encore moins favorable si l'on considère les qualités des chevaux élevés.

L'Italie n'a jamais brillé d'un très grand éclat dans sa production chevaline; mais pendant le seizième et le dix-septième siècles elle avait de bons chevaux, parmi lesquels la première place appartenait aux napolitains, qui descendaient directement des chevaux importés en Italie de l'Espagne et ne représentaient qu'une variété de l'ancienne race espagnole.

La population chevaline actuelle de l'Italie est excessi-

(1) Le chiffre de la population chevaline en Italie en 1890 était évalué approximativement à 720.000, tandis que le nombre d'ânes n'était pas moindre de 1.000.000 et celui de mules atteignait 300.000.

vement hétérogène, très dégénérée et en majorité de petite taille.

Quelques haras à Polesina (1) et aux environs de Ferrare possèdent encore un certain nombre des descendants directs de la race napolitaine transformés en chevaux d'attelage. Ils sont de grande taille, à la tête busquée, à l'arrière-main plus large et plus fort que l'avant-main, aux allures lentes, mais grandioses — tous les signes distinctifs des anciens chevaux napolitains.

Les carrossiers noirs des cardinaux romains, élevés spécialement pour ce service aux environs de Rome, sont de la même origine et ont les mêmes formes et les mêmes qualités.

En dehors de ces chevaux, il n'existe en Italie qu'une seule race indigène caractéristique, la race des *poneys* élevés dans l'île de *Sardaigne*. Ce sont de jolis petits chevaux de 1^m,30 à 1^m,40, le plus souvent bais, très résistants, harmonieusement et solidement bâtis ; par leur conformation et leurs qualités ils ressemblent aux chevaux corses (voir page 202) dont ils ont probablement la même origine orientale. Aussi bien que les corses, ils mènent dans leur île une vie indépendante, demi-sauvage. Une assez grande quantité de ces chevaux est importée annuellement sur le continent de l'Italie, où ils sont très goûtés. Ordinairement on les emploie attelés à de petites voitures, le plus souvent dans des carrioles à deux roues. Mais ils sont aussi très bons pour la selle. Parmi les chevaux de chasse favoris de feu Victor Emmanuel il y avait des poneys de Sardaigne.

Comme partout en Europe, on a commencé en Italie à améliorer la population chevaline par des reproducteurs de-

(1) Localité située près de la mer Adriatique entre le Pô et l'Adige.

mi-sang et pur sang anglais. Il y a des haras qui élèvent
des chevaux pour cela, il y a des dépôts d'étalons... mais
tout se fait avec une indolence telle que le progrès se fera
encore longtemps attendre, d'autant plus que la masse de
la population italienne préfère les ânes, qui sont, en Italie, peut-être moins nombreux qu'en Espagne, mais toujours beaucoup plus nombreux que les chevaux.

La Direction des haras dépend du ministère de l'Agriculture; en 1881 elle avait dans ses dépôts pour toute l'Italie
334 étalons, parmi lesquels 69 étaient pur sang et 206 demi-
sang anglais, 46 pur sang et 13 demi-sang arabes.

Les chevaux de gros trait manquent totalement; ils sont
remplacés par des bœufs et des mulets. Pour les travaux
légers on emploie plus volontiers des ânes.

CHAPITRE VI.

LES CHEVAUX ESPAGNOLS.

L'Espagne fut jadis célèbre par ses chevaux; maintenant ce sont les mulets et les ânes qui y jouent le rôle principal. Même la plupart des voitures de ville sont ordinairement attelées avec des mulets. Ces derniers avaient, il est vrai, toujours été préférés pour l'attelage, car les chevaux célèbres de l'ancienne race étaient élevés exclusivement pour la selle. Aujourd'hui le nombre des mulets est au moins deux fois, et celui des mulets et des ânes pris ensemble quatre fois plus grand que celui des chevaux.

Quand, au huitième siècle, les Arabes conquirent l'Espagne, ils y introduisirent d'Afrique une grande quantité de chevaux légers du type oriental, les mêmes qui, quelques années plus tard, peuplèrent le midi de la France (voir pages 161 et 196). Ces chevaux se répandirent dans la moitié méridionale de l'Espagne, tandis que dans les montagnes du nord et surtout du nord-ouest domina toujours la race indigène de chevaux, plus lourds et plus grands de taille, dont nous voyons jusqu'à présent les échantillons plus ou moins dégénérés dans les Pyrénées occidentales de l'Espagne et de la France.

Mais les chevaux magnifiques qui, pendant le seizième et
le dix-septième siècle, faisaient la gloire de l'Espagne n'appartenaient ni à la race arabe (barbe), ni à la race indigène du
nord. Ils s'étaient formés probablement de croisements heu-

Fig. 73. — Cheval espagnol (*el carnero*).
D'après la photographie de J. Delton (*Photographie hippique*, à Paris).

reusement combinés des deux. C'étaient des chevaux de taille
moyenne, plutôt grands que petits ; ils avaient la tête busquée, l'encolure épaisse, mais fièrement relevée et arquée ;
la poitrine et tout l'avant-main assez étroits, mais l'arrière-
main ample et fort ; le dos long et mou ; la croupe courte,
large et légèrement avalée. Le corps perché haut sur les
membres bien musclés et robustes ; les genoux loin de

terre et les jarrets fortement coudés; les paturons mous. La
crinière et la queue longues et touffues. Les allures fières,
grandioses, mais lentes. Le cheval levait les pieds de devant très haut et pliait les membres fortement sous le
corps. C'était l'idéal du cheval de selle de haute école. On
ne peut le comparer avec aucun des chevaux actuels de
l'Espagne ; mais le cheval mexicain, reproduit figure 74,
le rappelle beaucoup, parce que les chevaux mexicains
sont des descendants plus directs de l'ancienne race espagnole que les chevaux qui existent en Espagne à présent.
En Europe, la race est conservée presque pure au haras
de Kladrub en Autriche (voir page 244).

Maintenant les chevaux espagnols sont très dégénérés.
Dans le Midi dominent toujours les chevaux légers du type
barbe; ils ont beaucoup de traits communs avec les chevaux
navarrins du midi de la France. On les appelle *genettes*. Plus
au nord on rencontre des chevaux moins nobles, mais plus
étoffés et plus robustes, connus sous le nom de *el carnero*.
Leur taille varie de 1^m,52 à 1^m,60; la tête lourde, busquée,
ressemblant à celle du mouton (de là le nom de *el carnero*);
l'encolure épaisse et courte, mais élevée, ornée d'une longue crinière; la poitrine large et les épaules charnues;
l'arrière-main, au contraire, étroit; le dos souvent mou; la
croupe assez maigre et légèrement avalée, la queue bien
fournie. Les membres relativement longs et pourvus de
muscles rarement suffisamment développés. La robe de
couleurs variées, souvent isabelle ou café au lait. Le tempérament ardent.

La figure 73 offre le portrait d'un *el carnero*.

Il y a en Espagne quelques haras privés, qui élèvent des
chevaux meilleurs, dont quelques-uns rappellent la célèbre
race ancienne ; d'autres sont plus ou moins améliorés avec

du sang anglais. Mais en général la production chevaline
est dans un triste état. Cependant, au dire des connaisseurs,
il existe en Espagne tout ce qu'il faut pour créer, avec le
concours des reproducteurs anglais et arabes, de très bons
chevaux. Il ne manque pour cela que la bonne volonté !

Le gouvernement possède des dépôts d'étalons, mais pau-
vrement fournis; quant aux habitants ils sont plus qu'indif-
férents au progrès de leur production chevaline.

Des chevaux du *Portugal* il n'y a rien à dire, d'autant
plus qu'on les connaît très peu. Là aussi dominent les mulets
et les ânes.

CHAPITRE VII.

Les chevaux de la Suisse sont loin d'avoir la réputation de ses vaches. Cependant, ils ne sont pas à dédaigner ; et même pour un pays dont le territoire est presque entièrement occupé par de hautes montagnes, le chiffre de la population chevaline est relativement élevé : plus de 100,000 têtes pour 2,846,000 habitants, ce qui fait environ 4 chevaux pour 100 habitants. Pour un pays plat ce serait peu, mais pour la Suisse c'est plus que suffisant.

L'élève de chevaux se trouve entre les mains de la population agricole et s'exerce d'une manière assez intelligente. On ne produit que des chevaux utiles, des chevaux de trait plus ou moins grands et lourds.

La plupart de ces chevaux appartiennent au même type occidental ou norique que l'on trouve dans les parties voisines de la Bavière et de l'Autriche (voir le *cheval de Pinzgau,* pages 16, 236 et 239). Il est vrai que ce type en Suisse est moins pur, étant déjà plus ou moins mélangé avec le type oriental, surtout dans les cantons français.

La taille des chevaux varie entre 1 m ,50 et 1 m ,70 ; la tête est carrée, ordinairement lourde et charnue, mais quelquefois, au contraire, légère et sèche ; l'encolure courte ; le garrot bas ; le dos et les reins sont longs, souvent ensellés ; la croupe est double et avalée, avec la queue attachée bas ; la poitrine large, mais pas assez profonde ; les côtes sont bien cerclées et le ventre est parfois volumineux. Les épaules sont droites ; les membres solides, bien que leurs muscles ne soient pas toujours suffisamment développés et que leurs articulations manquent souvent de force ; les canons ordinairement trop empâtés ; les paturons peu inclinés ; les sabots grands et plats. Les allures ne sont pas assez larges, parfois irrégulières, et la résistance n'est pas très grande. Les robes sont variées, mais le bai et le gris prédominent.

On distingue plusieurs variétés ; les plus connues sont : *la variété de Fribourg* ou *du Jura*, dans les cantons occidentaux, *la variété d'Erlenbach*, dans la partie supérieure du canton de Berne et à Emmenthal, et *la variété de Schwyz,* dans les cantons de Schwyz, de Lucerne, d'Uri et de Saint-Gall.

Jusqu'à ces derniers temps la Suisse n'élevait que des chevaux du type indigène ; mais à présent on a souvent recours aux reproducteurs étrangers : aux demi-sang anglais, aux anglo-normands, etc.

CHAPITRE VIII.

LES CHEVAUX DE LA PÉNINSULE BALKANIQUE.

Il n'y a pas grand'chose à dire des chevaux des pays qui composent la presqu'île balkanique. Ils appartiennent tous au type oriental; par leur taille et la variété de leurs formes ils peuvent être comparés aux chevaux de paysans russes (voir page 80), avec lesquels ils ont probablement la même origine — des chevaux de steppes russes.

Les écuries du sultan et des hauts dignitaires turcs possèdent, sans doute, des chevaux supérieurs; mais ils viennent tous de l'Arabie ou de la Syrie.

Après la guerre de Crimée beaucoup de Circassiens du Caucase et de Tartares de la Crimée ont émigré avec leurs chevaux dans la Turquie d'Asie et d'Europe, et contribué ainsi à une certaine amélioration de la population chevaline de la péninsule balkanique.

En *Grèce,* on compte environ 100,000 chevaux et autant de mulets et d'ânes. Le type du cheval y a dégénéré en de tout petits poneys, dont la taille, sur quelques îles helléniques, par exemple sur l'île de Scyros, est même inférieure à celle des poneys shetlandais.

HUITIÈME PARTIE.

LES CHEVAUX DE L'AMÉRIQUE ET DE L'AUSTRALIE.

———

Avant d'être découvertes par les Européens ces deux parties du Nouveau Monde n'avaient pas de chevaux.

On trouve aujourd'hui en Amérique des restes fossiles de squelettes qui donnent le droit de supposer qu'autrefois y avaient existé des animaux ressemblant au cheval. Mais depuis cette époque tant de siècles s'étaient écoulés que les indigènes du pays n'en conservaient plus aucun souvenir et contemplaient les chevaux amenés par les Espagnols avec effroi et admiration.

En Australie, avant sa colonisation par les Européens, le kangourou était le seul quadrupède de grande taille.

———

CHAPITRE I.

LES CHEVAUX AMÉRICAINS.

C'est lors de la conquête de l'Amérique par les Espagnols que les premiers chevaux y furent importés, notamment en Floride, au Mexique et aux bords du Rio-de-la-Plata. Une partie de ces animaux s'évada dans les *pampas* de l'Amérique du sud et dans les *savanes* de l'Amérique du nord, et s'y multiplia avec une telle rapidité que déjà, quelques dizaines d'années après, on y trouva des troupeaux entiers de chevaux sauvages, connus maintenant dans l'Amérique du Sud sous le nom de *cimarrones* et en Amérique du Nord sous celui de *mustangs*.

De la Floride et du Mexique les mustangs se répandirent à l'ouest vers la Californie et au nord jusqu'au Canada. Les cimarrones envahirent toutes les prairies de l'Amérique du Sud, mais surtout les *pampas* de l'Uruguay, du Paraguay et de la République Argentine; au sud ils descendirent jusqu'aux confins méridionaux de la Patagonie.

La population chevaline de l'Amérique du Sud compte plusieurs millions de têtes; dans la République Argentine et en Uruguay seulement elle atteint le chiffre d'environ 6 millions.

Dans l'Amérique du Nord, les États-Unis possèdent plus de quinze millions et le Canada plus de deux millions et demi de chevaux.

Dans l'Amérique du Sud et dans les parties méridionales

Fig. 74. — *Le cheval mexicain*, blanc.
D'après la photographie de J. Delton (*Photographie hippique*).

de l'Amérique du Nord, notamment dans le *Mexique*, les chevaux sont d'origine espagnole. Les troupeaux sauvages de *mustangs* et de *cimarrones* font la majorité. Comme tous les chevaux sauvages, ils ont les formes assez grossières et anguleuses et sont plus petits que les anciens chevaux espagnols dont ils proviennent. Parmi les chevaux domestiqués, dans les villes, on rencontre des animaux plus beaux d'apparence et plus grands de taille, qui par leurs formes, leur dressage et même par leur accoutrement rappellent les anciens chevaux espagnols beaucoup plus qu'aucun de ceux qui existent actuellement en Espagne. Aux chevaux de cette catégorie appartient le *cheval mexicain* reproduit fig. 74.

Plus on s'éloigne du Mexique vers le nord et surtout vers le nord-est, plus les chevaux d'origine espagnole deviennent rares. Dans les territoires éloignés de l'Ouest, où la civilisation a rejeté les Indiens sauvages, prédominent encore les mustangs; mais à l'est des États-Unis et dans le Canada la population chevaline provient d'une autre source et a un tout autre aspect.

Dans les régions intermédiaires on rencontre des métis issus du croisement des mustangs avec des chevaux du Canada ou des États de l'Est. Les *poneys indiens* du bassin de Grand-River appartiennent à cette sorte de métis.

CHAPITRE II.

Avec la Russie, les États-Unis sont le pays le plus riche en chevaux. D'après le recensement fait en 1891 la population chevaline des États-Unis s'élevait au chiffre de 15.498.140, c'est-à-dire qu'il y avait plus de 25 chevaux pour 100 habitants. Mais les États-Unis se rapprochent encore de la Russie pour les qualités des chevaux qu'ils élèvent. Dans l'élevage naturel leurs mustangs correspondent à nos chevaux de steppes sauvages ou demi-sauvages; quant à l'élève régulier, ils ont la même spécialité que nous, notamment la production des trotteurs et en général des chevaux de trait plus ou moins rapides.

Nous avons déjà parlé de l'origine espagnole des mustangs et de leur propagation surtout dans les territoires du sud-ouest des États-Unis. Le centre de la production des chevaux élevés régulièrement dans les haras est la Nouvelle-Angleterre, c'est-à-dire les États situés au nord-est de la république (1). Mais avec l'accroissement de la population ce centre s'élargit de plus en plus en allant à l'ouest jusqu'à la Californie.

---

(1) On a donné le nom de *Nouvelle-Angleterre* aux territoires occupés par les premiers colons anglais; elle comprend les États du Maine, New-Hampshire, Vermont, Massachusetts, Rhode-Island et Connecticut.

C'est entre 1608 et 1635 que les premiers chevaux furent introduits dans la Nouvelle-Angleterre. Les colons anglais amenèrent des chevaux anglais par Jamestown, en Virginie, et par Boston, en Massachusetts; les Hollandais importèrent avec eux au Nouveau-Amsterdam, débaptisé plus tard en New-York (1), des chevaux hollandais et un certain nombre de chevaux danois. Les chevaux anglais prédominaient sans doute, d'autant plus que leur importation continuait toujours avec l'arrivage de nouveaux colons de l'Angleterre.

Avec cet ensemble, auquel probablement fut ajoutée une certaine dose du sang espagnol de mustang, les Américains créèrent les sortes de chevaux qui leur furent nécessaires. Parmi ceux-ci les chevaux *ambleurs de Narragansett,* en Rhode-Island, se distinguaient déjà en 1680 par leur grande rapidité qui fut presque égale à celle des trotteurs d'aujourd'hui. En effet, on cite des narragansetts qui faisaient un mille en moins de 2 min. et demie (un kilomètre en 1 min. 33 sec. un quart).

Les chevaux que les colons anglais amenèrent en Amérique étaient de cette excellente race indigène anglaise qui existait en Angleterre immédiatement avant l'époque de la création des pur sang anglais (voir page 118). Quant aux chevaux de pur sang, on commença à les importer seulement depuis 1730; mais, jusqu'à la fin de la guerre pour l'indépendance, leur importation fut si peu importante qu'ils ne purent avoir une influence sensible sur la production chevaline en Amérique. Au contraire, pendant les vingt ou vingt-cinq ans qui suivirent la séparation définitive des États-Unis de l'Angleterre (après 1783) l'importation des pur sang devint si

(1) *New-York* fut fondé par les Hollandais en 1613 sous le nom de *Nouveau-Amsterdam*; il n'a reçu son nom actuel qu'en 1664 quand il fut conquis par les Anglais.

considérable et leur influence sur la production chevaline si grande que les chevaux américains se transformèrent presque tous en demi-sang. Les ambleurs narragansetts disparurent et on ne peut trouver maintenant leurs derniers descendants que dans les territoires de l'ouest, au Canada et dans les îles des Indes occidentales où ils furent transportés de l'Amérique. Certaines qualités intrinsèques de ces chevaux étaient cependant si bien fixées, si constantes qu'elles furent transmises et se transmettent de nos jours encore à leurs descendants devenus depuis longtemps demi-sang. C'est précisément par cette transmission héréditaire que s'explique la manifestation si fréquente de l'amble parmi les trotteurs américains (voir page 285).

Après la création de leurs trotteurs, les Américains sont devenus beaucoup moins enthousiastes pour les pur sang anglais, l'importation annuelle de ceux-ci diminua progressivement et à présent elle est d'autant plus limitée que, pour les besoins des courses, les Américains produisent leurs propres pur sang anglais (voir plus loin).

En résumé, la population chevaline actuelle des États-Unis est composée : des mustangs sauvages ou demi-sauvages habitant les prairies et les savanes et représentant une race à part d'origine espagnole, et d'une quantité considérable de demi-sang, n'appartenant à aucune race définie. En outre, on élève un certain nombre des pur sang anglais.

Mais ce qui caractérise la production chevaline des États-Unis, ce qui lui donne un cachet spécial; ce sont leurs *trotteurs*. Cependant le mot « trotteurs » a un sens trop étroit pour exprimer la vérité entière, car la spécialité des Américains est de produire non seulement des trotteurs rapides, mais aussi des *ambleurs* plus rapides encore.

On peut dire que dans ce sens élargi ladite spécialité embrasse tout ce qui concerne l'élève régulier des chevaux aux États-Unis. Élever un cheval qui puisse courir plus ou moins vite, voilà le principe qui s'applique non seulement à l'élevage de tous leurs chevaux de trait léger, mais aussi à celui de leurs chevaux de gros trait. Leurs chevaux de gros trait sont aussi trotteurs, mais trotteurs plus lourds et par conséquent moins rapides; presque tous sont en même temps de bons carrossiers.

Les Yankees ne sont pas grands amateurs des voyages ou promenades à cheval; ils préfèrent l'équipage, et ils n'élèvent pas de chevaux de selle spéciaux. Mais la plupart de leurs chevaux sont « à deux fins », c'est-à-dire peuvent servir aussi bien pour l'attelage que pour la selle. L'expérience a démontré que même parmi leurs chevaux de gros trait on peut trouver de quoi remonter des régiments de cavalerie (1).

A l'inverse des Anglais, les Américains tendent à créer non pas des chevaux spéciaux pour chaque usage, mais plutôt des chevaux universels, bons à tous les emplois.

On parle et on écrit beaucoup en Europe sur les trotteurs américains, on admire leur rapidité extraordinaire; mais ce dont on ne parle pas du tout et qui est, pour nous, encore plus remarquable dans la production chevaline des États-Unis, ce sont les ambleurs américains. Il existe des chevaux ambleurs partout; en Russie il y en a même beaucoup; mais nulle part, à l'exception des États-Unis, ils ne font l'objet d'une production spéciale.

Pendant assez longtemps les Américains négligèrent leurs

---

(1) A l'époque de l'insurrection du Canada, le 1er régiment anglais de dragons des gardes fut monté sur des chevaux de Vermont (chevaux de gros trait — voir page 300), et les cavaliers trouvèrent leurs montures excellentes.

ambleurs, et tâchèrent même de les anéantir en les transfor-
mant en trotteurs, leur refusant l'honneur de participer aux
courses, et tout cela à cause de leur *allure irrégulière!* Mais
rien n'y fit. L'allure irrégulière triompha de tout, ce qui
prouve d'une manière incontestable qu'elle fut assez *naturelle* pour être transmise héréditairement avec une opiniâtreté
désolante. Par un retour d'atavisme, l'amble se manifestait
parmi les membres des familles les plus respectées des trotteurs; des ambleurs naissaient de pères et de mères qui
avaient toujours été des trotteurs réguliers, parce que dans
leurs veines avaient été transmises quelques gouttes de sang
de leurs lointains ancêtres, ambleurs narragansetts.

On a fini par accepter les ambleurs, et, les ayant acceptés,
on commence déjà à en être fier, car les ambleurs sont en
général plus rapides que les trotteurs et promettent pour
l'avenir un développement de vélocité qui probablement ne
pourra jamais être atteint par les trotteurs.

Nous verrons plus loin que les trotteurs américains sont,
du moins en partie, redevables de leur rapidité à leur parenté
avec les ambleurs.

Les ambleurs (pacers).

L'amble des ambleurs actuels est l'héritage que leur ont
laissé leurs ancêtres primitifs, les ambleurs de Narragansett
qui, comme nous l'avons dit, naquirent des croisements des
chevaux anglais de l'ancienne race avec des chevaux hollandais, et peut-être aussi, danois (voir page 282); mais les
chevaux anglais, parmi lesquels il y avait sans doute beaucoup d'ambleurs, formaient la base principale (1). Plus tard le

(1) Il est étonnant que maintenant on ne trouve presque pas d'ambleurs dans la
Grande-Bretagne. Tous ont disparu.

type narragansett fut détruit par les croisements avec les pur sang et demi-sang anglais; les chevaux sont devenus demi-sang de différents degrés. Plusieurs furent transformés en trotteurs; mais beaucoup, malgré tous les efforts, restèrent ambleurs.

Aujourd'hui, en Amérique, il existe aussi des courses pour les ambleurs et ceux qui y prouvent une certaine rapidité sont, de même que les trotteurs, inscrits dans les registres comme *standard horses*. Mais comme les ambleurs sont en moyenne plus rapides que les trotteurs, on a tâché d'égaliser les chances, en relevant proportionnellement le *standard* pour les ambleurs. Ainsi pour devenir standard horse le trotteur doit avoir parcouru un mille au moins en 2 minutes 30 secondes et l'ambleur au moins en 2 minutes 25 secondes. Et les éleveurs ne trouvent même pas cette différence suffisamment favorable au trotteur et exigent qu'on relève le standard pour les ambleurs jusqu'à 2 minutes 20 secondes.

Les registres annuels des chevaux qui ont couru prouvent que les ambleurs sont en général plus rapides que les trotteurs.

En 1891 les deux chevaux les plus rapides de l'année étaient les ambleurs *Direct* (représenté fig. 75) et *Johnston*. Le premier a parcouru un mille en 2 minutes 6 secondes et le dernier en 2 minutes 6 secondes et demie; tandis que le plus rapide trotteur de cette même année, *Sunol*, n'a franchi la même distance qu'en 2 minutes 8 secondes et demie.

En 1892, les deux chevaux les plus rapides étaient l'ambleur *Mascot* et le trotteur *Nancy Hanks*; tous les deux ont fait un mille en 2 minutes 4 secondes. Mais huit ambleurs ont parcouru dans cette même année un mille en moins de 2 minutes 7 secondes et demie, tandis que parmi les trotteurs *Nancy Hanks* seule a obtenu le même résultat. Les ambleurs et les trotteurs étaient à peu près dans les mêmes rapports numériques pour les autres grandes vitesses obtenues.

Fig. 75. — *Direct.* célèbre ambleur américain; noir.
D'après la photogravure de *Clark's Horse Review.*

Il y a, en Amérique, beaucoup de chevaux qui possèdent au même degré les deux allures, le trot et l'amble. C'est ordinairement à l'amble qu'ils courent le plus vite. Par exemple, *Jay-Eye-See* a pu faire un mille au trot en 2 minutes 10 secondes et à l'amble en 2 minutes 6 secondes et demie.

Par leur extérieur, les ambleurs ne diffèrent en rien des

trotteurs; comme ces derniers, ils sont pour la plupart des demi-sang.

La fig. 75 reproduit le portrait d'un des plus célèbres coureurs de notre temps, de l'ambleur *Direct*.

Jadis, quand on négligeait les ambleurs, on s'occupait peu de leur éducation et de leur dressage. Alors on rencontrait souvent des ambleurs dont les allures n'étaient pas assez belles. Mais aujourd'hui les ambleurs sont ordinairement bien dressés et ne le cèdent plus en rien aux trotteurs, même à ce point de vue.

Les ambleurs sont assez communs aux États-Unis, mais c'est surtout dans le Tennessee, Kentucky, l'Illinois, l'Indiana, l'Ohio et le Missouri qu'on les trouve le plus souvent. Outre de nombreux petits éleveurs, il y a maintenant quelques propriétaires de grands haras élevant spécialement des ambleurs; tel est, par exemple, le haras de Campbell Brown, dans le Tennessee. Il naît annuellement un assez grand nombre d'ambleurs dans les haras de trotteurs, de parents trotteurs, en vertu de cette loi d'atavisme dont nous avons déjà parlé plus haut (page 285) et à laquelle nous reviendrons encore au sujet des trotteurs. Presque dans chaque famille de trotteurs américains, on voit de temps en temps apparaître ces ambleurs, que les Américains désignent sous le nom de *trotting-bred pacers* (ambleurs nés trotteurs). Plusieurs sont ainsi célèbres par leur généalogie, qui remonte souvent jusqu'à *Hambletonian* 10 (voir page 291).

Les trotteurs (trotters).

Il n'y a pas plus de vingt-cinq ou trente ans que l'attention de l'Europe s'est portée sur les trotteurs américains;

mais en Amérique la prédilection pour les trotteurs et, en général, pour les chevaux courant vite, date encore du temps des *narragansetts* (voir page 282). Après l'importation de *Messenger* (voir page 290) et la création de certaines familles de trotteurs, la prédilection est devenue une passion.

L'origine des trotteurs américains est beaucoup moins connue que celles des trotteurs russes qui tous descendent de la même race créée avec des éléments connus (voir page 96).

Quand on parle des trotteurs américains, on désigne ordinairement comme leur procréateur l'étalon anglais *Messenger*, importé à Philadelphie en 1788, et, sans autres préambules, on en conclut que les trotteurs américains proviennent des pur sang anglais et que c'est précisément grâce à cette circonstance qu'ils sont doués d'une rapidité aussi extraordinaire... Donc, pour augmenter la rapidité de nos trotteurs européens, il faut leur infuser le plus de pur sang anglais possible! En raisonnant ainsi, les éleveurs français ont transformé leurs trotteurs presque en pur sang. En Russie on était jusqu'à présent moins hardi, mais on a fait déjà assez dans ce sens pour miner la solidité et amincir les formes de plusieurs de nos trotteurs, sans cependant arriver pour cela à augmenter sensiblement leur rapidité. Il y a aussi en Amérique quelques éleveurs qui croient à la toute-puissance du pur sang anglais, par exemple le propriétaire du haras Palo Alto, en Californie. Mais l'opinion générale en Amérique est que l'infusion du pur sang anglais est plutôt *nuisible* qu'utile au trotteur. En réalité le pur sang anglais n'a joué aucun rôle dans la création des trotteurs américains.

Des trotteurs et des ambleurs très rapides existaient dans la Nouvelle Angleterre non seulement avant Messenger, mais avant l'arrivée en Amérique d'aucun cheval de pur sang (voir page 282).

LE CHEVAL. 37

Il est hors de doute maintenant que les trotteurs américains primitifs ont été formés des mêmes éléments que les ambleurs de Narragansett, c'est-à-dire du croisement des chevaux anglais de l'ancienne race indigène (avant les pur sang) avec des chevaux hollandais et peut-être aussi des danois (page 282). Il est plus que probable, même, que la majorité ou du moins beaucoup de ces trotteurs sont issus directement des ambleurs narragansetts, l'allure de ceux-ci ayant été transformée en trot par l'éducation et le dressage.

Dans tous les cas, la source primitive des trotteurs et des ambleurs américains est la même. C'est la seule raison qui puisse expliquer les rechutes fréquentes dans l'amble parmi les trotteurs (pages 283 et 288), et la facilité avec laquelle les trotteurs sont transformés, par l'éducation, en ambleurs et, réciproquement, les ambleurs en trotteurs. Le célèbre ambleur *Direct*, représenté fig. 73, naquit de l'ambleur *Director;* mais il était d'abord trotteur et fut transformé en ambleur seulement à l'âge de 6 ans. Des transformations inverses se pratiquent plus fréquemment (1). Il existe beaucoup de chevaux qui sont en même temps bons trotteurs et excellents ambleurs (voir plus haut *Jay-Eye-See*, page 287).

L'arrivée en grand nombre des pur sang et des demi-sang anglais, après 1783, eut pour résultats, comme nous l'avons déjà dit, la transformation de la majorité des chevaux en demi-sang et la disparition presque complète du type narragansett (voir page 283).

Cependant, aucun de ces chevaux n'exerça une influence visible sur la production des trotteurs, à l'exception de *Messenger*, importé à Philadelphie en 1788. C'est dans la combinaison du sang de celui-ci avec ce qui était resté des anciens

_____

(1) A cause de la préférence qu'on a donnée jusqu'à présent au trotteur.

narragansetts qu'il faut chercher la source des trotteurs américains actuels.

Mais, précisément, *Messenger* n'était pas du tout un pur sang anglais. Il était fils de *Mambrino*, né d'un étalon *arabe* et d'une jument anglaise d'ancienne race indigène (celle qui existait avant la création du pur sang, voir page 118). L'origine de la mère de *Messenger* reste inconnue. Par leur extérieur, *Mambrino* et *Messenger* ne ressemblaient pas du tout aux pur sang anglais. Le portrait de *Mambrino* rappelle plutôt un robuste trotteur russe, par exemple un de ceux qui sont reproduits sur les planches XXI, XXII et XXVI. Quant à *Messenger,* c'était un cheval gris, de 1^m,57 de hauteur, d'une constitution solide, à l'encolure courte, à la tête grosse et légèrement busquée, ornée de longues oreilles. Son apparence n'était pas belle, mais empreinte d'une grande énergie.

Messenger fonctionna comme reproducteur pendant vingt ans et laissa plusieurs fils dont les plus célèbres par leur postérité ont été *Bishop's Hambletonian* et *Mambrino.* Toutes les familles plus ou moins connues des trotteurs américains tirent leur origine de ces deux fils de Messenger.

La famille de Hambletonian 10 est considérée comme la plus célèbre de toutes. Cet Hambletonian 10 était un étalon bai, de 1^m,57 et d'une forte constitution. Il naquit en 1849 d'*Abdallach,* fils de Mambrino et petit-fils de Messenger, et d'une jument qui était fille de *Bellfounder* (1) et par sa mère portait dans ses veines un mélange du sang indigène avec celui de Bishop's Hambletonian. Dès l'âge de deux ans Hambletonian 10 fut mis aux haras, pendant sa vie il saillit

---

(1) *Bellfounder,* importé d'Angleterre, n'était pas pur sang, mais un *cheval de route* (roadster) ou, peut-être, *norfolk.*

1800 poulinières et produisit plus de 1,300 poulains. C'est le plus grand chef de famille des trotteurs américains, non seulement à cause du nombre, mais aussi à cause des qualités supérieures de sa postérité. On trouve maintenant du sang hambletonian dans presque tous les trotteurs et dans toutes les familles de trotteurs plus ou moins célèbres.

La famille de Mambrino Chief occupe la seconde place après celle de Hambletonian 10. Mambrino Chief naquit en 1844 d'une jument inconnue (probablement indigène) et de *Mambrino Paymaster*, fils de Mambrino et petit-fils de Messenger. La postérité laissée par Mambrino Chief est beaucoup moins nombreuse que celle de Hambletonian 10, mais d'une très bonne qualité aussi. On apprécie surtout la descendance de *Mambrino Patchen*, fils de Mambrino Chief.

Il faut ajouter encore *la famille de Clay* qui est cependant beaucoup moins importante que les deux premières. Elle fut fondée par *Andrew Jackson*, né en 1828 d'une jument ambleuse indigène et de *Young Bashaw*, fils de *Grand Bashaw*, étalon arabe importé de l'Angleterre, et d'une jument qui était petite-fille de Messenger. D'Andrew Jackson et d'une jument inconnue naquit en 1837 *Henry Clay* qui produisit plusieurs autres *Clays*, dont *Harry Clay*, *Cassius M. Clay Jr.* et *Kentucky Clay*, sont devenus chefs de sous-familles assez connues.

La famille de l'étalon indigène *Justin Morgan*, né en 1793, fut autrefois assez célèbre, mais à présent elle ne produit plus que de bons chevaux d'attelage qui ne sont pas assez rapides pour figurer aux courses.

Les trois familles citées plus haut ont formé une grande quantité des branches ou *sous-familles* dont les plus importantes sont :

Les *Wilkes*, descendants de *Georges Wilkes*, fils de

Hambletonian 10 et de Dally Spanker, de la famille de Clay.

Les *Belmonts*, descendants de *Belmont*, fils d'Alexander's Abdallah, qui naquit de Hambletonian 10 et de la jument Belle, de la famille de Mambrino Chief. Le fils de Belmont, *Nutwood*, a déjà réussi à fonder une sous-famille de *Nutwoods*.

Les *Electioneers*, descendants d'*Electioneer*, fils de Hambletonian 10 et de Green Mountain Maid, jument de la famille de Clay. Electioneer, né en 1868, fut pendant les douze dernières années de sa vie (il est mort en 1890 le reproducteur principal au haras du sénateur Stanford, à Palo Alto, en Californie, où on le faisait saillir principalement des juments anglaises pur sang et demi-sang. Ses descendants sont donc très riches en pur sang. Parmi eux trois se sont distingués : *Palo Alto*, *Sunol* et *Arion*. La plus grande rapidité des deux premiers était 1 mille en 2 minutes 8 secondes un quart et celle du dernier 1 mille en 2 minutes 10 secondes trois quarts. Ces descendants directs d'Electioneer ont dans leurs veines encore assez de sang de Hambletonians. Que sera la postérité plus éloignée ? C'est le secret de l'avenir.

Après celles-ci, les sous-familles les plus connues sont celles de *Volunteer*, de *Director* (père de *Direct*, représenté fig. 75), d'*Alexander's Abdallah*, de *Happy Medium* — tous les quatre fils de Hambletonian 10; de *Mambrino Patchen* fils de Mambrino Chief, et plusieurs autres.

Nous voyons que presque dans toutes les sous-familles domine le sang de Hambletonian 10, mélangé ordinairement, le plus souvent par la ligne maternelle, avec le sang de l'une de deux autres familles, celles de Mambrino Chief et de Clay, quelquefois avec le sang de toutes les deux.

Les Américains ne font pas cependant grand cas de

la pureté de race ou d'origine et introduisent volontiers dans leurs familles de trotteurs des chevaux qui n'ont aucun pedigree, si ces chevaux courent vite et sont d'une constitution acceptable.

Nous avons vu des poulinières d'origine inconnue figurer dans les trois principales familles de trotteurs. La même chose arrive, le cas échéant, avec les sous-familles.

Il n'y a pas longtemps encore, un étalon ambleur du Canada, *Pilot,* accouplé avec une jument d'origine inconnue, a produit une *famille de Pilot,* dont on croise volontiers les membres, renommés par leur rapidité, avec les descendants de Hambletonian 10, de Mambrino Chief, etc. Et les résultats sont excellents. La mère de *Jay-Eye-See,* que nous avons mentionné plus haut (page 287), était la fille de Pilot; dans *Nutwood* (fils de Belmont, page 293) il existe aussi une certaine dose du sang de Pilot.

Voilà le résumé des règles générales d'après lesquelles agissent les éleveurs américains :

Accoupler entre eux les chevaux les plus rapides et les mieux constitués, sans faire *trop* d'attention à leur origine [1].

En accouplant, *choisir* les juments avec non moins de soin que les étalons, et *même avec plus de soin* les premières que les derniers, car, selon leur opinion, basée sur l'expérience, les juments exercent sur la postérité *plus d'influence* que les étalons. Plusieurs hippologues américains croient

---

(1) Cela ne veut pas dire, cependant, que les Américains ne font aucune attention aux pedigrees de leurs reproducteurs. Ils apprécient beaucoup leurs célèbres familles de trotteurs et choisissent leurs reproducteurs principalement parmi les descendants de ces familles; mais ils préféreront volontiers un reproducteur d'origine basse ou inconnue, mais très rapide et bien constitué, au reproducteur descendant d'une famille célèbre, mais n'ayant pas d'allures rapides; et, si c'est nécessaire, ils accoupleront, sans cérémonie, le plébéien éprouvé avec le cheval de la plus haute descendance.

qu'il serait plus juste de désigner les familles d'après les noms des juments que d'après ceux des étalons. *Commencer l'éducation* du cheval du jour de sa naissance et ne l'élever jamais dans l'oisiveté ; ne pas se contenter des exercices nécessaires pour le dressage, mais lui assigner journellement un lot de *vrai travail* correspondant à ses forces. Nourrir le cheval bien et suffisamment, mais *sans l'engraisser*. Le traiter avec douceur et autant que possible se passer du fouet.

Le but de la majorité des grands et petits éleveurs est de produire des trotteurs (ou ambleurs), mais des trotteurs bons non seulement pour les courses, mais aussi et même principalement pour les travaux utiles. Ceux qui sont aptes pour les courses sont choisis après. C'est pourquoi la plupart des trotteurs que l'on voit se distinguer aux courses ne sont pas les résultats d'un élevage spécial (1), mais sont des chevaux de trait ordinaires. Et le plus souvent ils ne commencent à courir qu'après avoir déjà suffisamment travaillé ailleurs, rarement avant l'âge de six ans et quelquefois beaucoup plus tard. Depuis quelque temps, cependant, il existe en Amérique des haras dont le but principal est d'élever les trotteurs pour les courses.

Après tout ce que nous avons dit, il est évident que les trotteurs et les ambleurs américains ne peuvent pas avoir cette homogénéité relative des formes qui distingue les trotteurs russes. Ils sont tous ou presque tous demi-sang. Les uns ressemblent par leur extérieur aux trotteurs russes, les autres aux anglo-normands français, d'autres encore aux demi-sang ou même aux pur sang anglais ; il y en a qui rappellent les chevaux de trait ordinaires.

---

(1) A l'exception sans doute de l'entraînement nécessaire pour préparer aux courses les chevaux qui y sont destinés.

La taille des trotteurs et des ambleurs américains varie beaucoup : de 1^m,54 à 1^m,64 ; la robe est de couleurs diverses, mais le plus souvent baie de différentes nuances.

Le trot du trotteur américain n'est pas le même que celui du trotteur russe. Le trotteur américain ne plie les genoux que très légèrement et ne lève pas haut les pieds de devant ; au contraire, il les jette devant lui très près de terre, comme s'il glissait sur eux. Ceux qui croyaient que les trotteurs américains descendaient plus ou moins directement du pur sang anglais attribuaient cette forme de trot précisément à l'influence héréditaire du pur sang qui, comme on sait, meut aussi ses pieds très près de terre. Mais pour qui connaît la véritable origine des trotteurs américains, il est beaucoup plus probable que la forme de leur trot est le résultat de leur descendance des anciens ambleurs, et souvent même le résultat de la transformation directe, par l'éducation, de l'amble en trot.

La rapidité des trotteurs américains actuels est sans contredit plus grande que celle des trotteurs russes. Tandis que la rapidité moyenne de ceux-ci est estimée à 1 kilomètre en 1 min. 36 sec., en Amérique le trotteur qui ne peut pas faire 1 mille en 2 min. 30 sec. ou 1 kilomètre en 1 min. 33 sec. un quart n'est pas même inscrit au registre de *standard horses*. Nous n'avons pas eu jusqu'à présent de trotteurs de la rapidité de *Nancy Hanks* (1 mille en 2 min. 4 sec. soit 1 kilomètre en 1 min. 17 sec.) ni même de celle de *Sunol* (1 mille en 2 min. 8 sec. 1/4, soit 1 kilomètre en 1 min. 19 sec. 3/4).

Il est vrai que, même en Amérique les trotteurs de cette force sont encore très rares. Mais là, il est plus que probable que même la rapidité de Nancy Hanks sera bientôt dépassée et qu'on arrivera enfin au record de 1 mille en 2 min.

Fig. 76. — *Flora Temple*, jument trotteuse, baie.

(1 kilomètre en 1 min. 14 sec. 3/5). Ce qui est plus important encore, c'est que la rapidité moyenne s'accroît progressivement en Amérique, tandis que chez nous, en Russie, elle reste stationnaire, malgré tous nos efforts pour l'augmenter par l'infusion du pur sang anglais... Cela prouve une chose, c'est que le moyen est mauvais.

Il est possible que la race ancienne de Narragansett, qui a servi de fondement à la création des trotteurs américains, soit pour quelque chose dans leur rapidité croissante, car cette race avait été très rapide elle-même (voir page 282); mais, pour nous, le secret des Américains gît surtout dans leur manière *d'élever, de dresser* et *d'entraîner* les chevaux, aussi bien que dans les qualités supérieures de leurs *drivers* (conducteurs) et dans *les soins* minutieux qu'ils prennent *pour soulager* le coureur, soins qui se révèlent dans l'aménagement du sol et le tracé de la piste de l'hippodrome, dans la construction du *sulky* (1), dans la forme et le poids du harnais et dans mille autres détails qui paraissent mesquins au premier coup d'œil, mais qui ont une grande valeur, quand la victoire ou la défaite dépend d'une demi-seconde ou même d'un quart de seconde.

La figure 76 représente *Flora Temple*, une jument trotteuse qui dans son temps était une grande célébrité, car elle réussit à parcourir 1 mille en 2 min. 19 sec. (1 kilomètre en 1 min. 27 sec.), mais qui serait à présent rangée seulement parmi les trotteurs américains de vitesse moyenne.

La course au trot est le sport favori des Américains. Il existe de 1500 à 2000 hippodromes de trotteurs aux États-Unis.

---

(1) Voiture à deux roues excessivement légère, spécialement construite pour l'hippodrome. La fig. 76 reproduit la voiture de course du modèle ancien qui est hors d'usage maintenant.

En 1871 fut établi un *stud-book* consacré spécialement à l'inscription des trotteurs. Il est rédigé par M. Wallace (à New-York) sous le titre de *Wallace's American Trotting Register*.

Depuis 1882 l'inscription des trotteurs dans ce livre se fait d'après une réglementation spéciale arrêtée par la *National Association of trotting horse-breeders*. La *performance* de 1 mille en 2 min. 30 sec. sert de base à cette réglementation. Pour les détails, lire le *Rapport de M. l'Inspecteur général des haras*, de la Motte-Rouge (1).

Les chevaux américains de gros trait (draught-horses).

Les États-Unis ne produisent pas de chevaux lourds dans le genre des boulonnais français ou des flamands belges. Malgré la grande taille (de 1ᵐ, 65 à 1ᵐ, 78) et la constitution suffisamment massive et forte de plusieurs d'entre eux, ils sont généralement beaucoup plus légers dans leur conformation, plus rapides dans leurs allures et plus vifs de tempérament que la plupart des chevaux européens de la même sorte ; tous trottent bien et au besoin peuvent être employés non seulement comme carrossiers, mais même comme chevaux de selle (voir page 284). En un mot, ils ne font pas exception à la majorité des chevaux américains, en ce qu'ils sont aussi élevés pour être bons à tous les usages.

Leur origine est la même que celle de tous les autres chevaux de la Nouvelle Angleterre (page 282), et ils appartiennent aussi aux demi-sang, c'est-à-dire qu'ils ont dans leurs

(1) Voir Bulletin du Ministère de l'Agriculture (Direction de l'Agriculture), 1890, nᵒ 4.

veines une certaine dose de pur sang anglais. Leur taille
plus grande et leur corps plus massif sont principalement
le résultat de la sélection des reproducteurs et en partie
du croisement avec quelques chevaux de gros trait amenés
d'Angleterre. Mais ils ont acquis surtout leurs traits distinctifs sous l'influence de l'élevage et de l'éducation à l'a-
méricaine, qui a toujours en vue la production des trotteurs
ou du moins de chevaux qui puissent bien courir (voir
page 284). Par conséquent les chevaux de gros trait américains ne se distinguent des trotteurs que par leur plus grand
poids. Dans les formes transitoires qui existent à tous les
degrés les deux variétés se confondent entièrement. En cela
ils ressemblent aux *bitugues* russes, qui eux aussi peuvent
être considérés comme une variété lourde des trotteurs.

Les plus renommés sont les chevaux de Vermont et de
Conestoga.

Les chevaux de Vermont, comme l'indique leur nom, sont
élevés principalement dans l'État de Vermont. Ce sont des
animaux fortement bâtis, avec des membres robustes, mais
relativement courts, d'une taille allant jusqu'à 1^m,70 ; très résistants et assez rapides. La robe la plus fréquente est baie-
foncée ; beaucoup plus rarement alezane. Autrefois on employait les vermonts comme chevaux de poste ; ils servent
aujourd'hui principalement pour le transport des fourgons
chargés ; on en voit beaucoup à New-York ; mais ils sont
aussi bons carrossiers et, le cas échéant, peuvent même être
utiles comme chevaux de cavalerie (page 284).

Les chevaux de Conestoga, élevés en Pennsylvanie,
sont plus grands que les vermonts : leur taille est de 1^m,75 à
1^m,78. Ils sont aussi ordinairement bais ou bais-bruns, souvent pommelés, plus rarement gris-pommelés.

Pendant la dernière moitié du siècle courant, une assez

grande quantité de chevaux de gros trait a été importée annuellement de l'Europe, notamment de l'Angleterre, de la
Belgique et de la France. Les clydesdales furent d'abord en
vogue, mais à présent les Américains paraissent préférer
les percherons dont l'importation annuelle atteint et souvent dépasse le chiffre de 1000 têtes. Il y a même aux États-
Unis quelques haras pour l'élevage des percherons purs,
par exemple le haras de *C. W. Dunham* à *Oaklawn* (Illinois) possédant 500 percherons. On a établi un *stud-book*
spécial pour les animaux de race percheronne pure.

Mais en général les chevaux de gros trait ne sont importés d'Europe que pour être croisés avec les chevaux indigènes; pour cette raison on importe principalement des
étalons.

On peut dire qu'à notre époque il se fait en Amérique un
mouvement assez sensible vers la production de chevaux
de trait plus lourds.

Outre les États de Vermont et de Pensylvanie, on les produit maintenant dans plusieurs autres États, par exemple
dans l'Illinois, dans le Colorado, etc.

Dans l'État de Colorado il existe des haras de chevaux
de trait élevés à l'état demi-sauvage. Le plus grand de ces
haras est celui de *C. W. Dunham* (le même à qui appartient
le haras des percherons à Oaklawn); il est composé de 4200
chevaux dont 3000 juments environ. Les chevaux indigènes
de ce haras ont de 1^m,54 à 1^m,58 et les produits du croisement avec les percherons arrivent généralement à la taille
de 1^m,60 à 1^m,62.

Les pur sang anglais en Amérique.

Les courses plates et à obstacles à la manière anglaise se pratiquent aux États-Unis; mais comme le nombre d'amateurs de ces courses y est relativement restreint, l'élevage des pur sang anglais est aussi plus limité. Cependant et dans cette branche de la production chevaline les Américains ne se sont pas montrés inférieurs.

Les premiers pur sang furent importés dans les États de Maryland et de Virginie : d'abord *Spark* (en 1750), puis *Selima*, *Othello* (en 1755) et quelques autres. Comme nous l'avons déjà dit, pendant les vingt ou vingt-cinq ans qui suivirent la proclamation de l'indépendance, le nombre des pur sang importés en Amérique fut très grand (page 282); mais depuis ce temps l'importation diminue progressivement et ne dépasse pas maintenant quelques chevaux par an.

Les pur sang élevés en Amérique ne diffèrent pas par leur extérieur de leurs congénères d'Angleterre; mais on affirme que, sous l'influence du système d'élevage plus démocratique, et du climat plus sec des États-Unis, ils sont devenus plus solides et plus résistants.

Le nombre des chevaux de pur sang existant aux États-Unis, en y comprenant les étalons, les mères, les chevaux à l'entraînement et les jeunes poulains, s'élevait en 1886 à environ 15,000 têtes.

Les principaux établissements d'élevage de pur sang sont dans les États de Tenessee et de Kentucky.

CHAPITRE III.

La population chevaline du Canada se forma du mélange des chevaux du type normand importés par les colons français et des chevaux anciens de l'Angleterre et des États-Unis. La plupart sont aussi des demi-sang. Il reste encore au Canada bon nombre de chevaux ressemblant aux anciens narragansetts par leur extérieur et leur disposition à l'amble. Les ambleurs canadiens sont connus en Amérique. Ils proviennent sans doute de la même source que les ambleurs narragansetts et sont probablement même des descendants directs de narragansetts importés au Canada du Rhode-Island (voir page 283).

Au fond, les chevaux canadiens appartiennent aux mêmes types que ceux des États-Unis, mais étant élevés dans des conditions plus primitives, ils sont plus rustiques.

Rarement leur taille dépasse $1^m,60$; ordinairement elle reste au-dessous. Ils ont généralement une constitution robuste, des membres de fer et sont peu sujets aux maladies; ils sont fort résistants et énergiques, pas très rapides, mais infatigables et d'allures sûres. Il y a cependant des ambleurs canadiens qui courrent excessivement vite.

La queue et la crinière touffues et *onduleuses* sont considérées comme caractéristiques pour les chevaux canadiens.

On élève les chevaux au Canada principalement pour l'attelage ; mais, comme ceux des États-Unis, ils sont bons à tous les usages. Les officiers anglais affirment que la cavalerie peut être très bien remontée au Canada.

CHAPITRE IV.

LES CHEVAUX AUSTRALIENS.

Les premiers chevaux d'Australie furent importés du Cap et de Valparaiso (Chili); mais après la conquête de l'Australie par les Anglais, ce fut l'Angleterre qui y envoya des chevaux annuellement.

Le climat et le sol de l'Australie sont très propres à l'élève des bestiaux, et les chevaux importés se multiplièrent rapidement et y formèrent des troupeaux demi-sauvages, pareils à ceux qu'on rencontre dans les pampas et les savanes de l'Amérique.

Mais comme ces chevaux demi-sauvages, ou *bush-horses*, proviennent d'une autre source, principalement des chevaux anglais, leur type diffère beaucoup de celui des mustangs et des cimarrones américains qui, comme nous le savons, sont d'origine espagnole. Les *bush-horses* sont incontestablement meilleurs. Ils ont en moyenne 1^m,60 et sont vigoureusement bâtis; ont les membres solides, les crinières longues, le tempérament énergique, mais sont peu dociles.

Outre les bush-horses, il y a maintenant en Australie beaucoup de chevaux élevés régulièrement aux haras, tous de provenance anglaise.

Les courses à la manière anglaise et l'élevage des pur sang prospèrent à Queensland, à Nouvelles-Galles du Sud, à Victoria, en Australie-méridionale, sur l'île de Tasmanie et dans la Nouvelle-Zélande. En Amérique on apprécie beaucoup les pur sang australiens.

Il y a une vingtaine d'années on a importé en Australie plusieurs reproducteurs arabes de premier ordre. Quels résultats on a obtenu nous ne le savons pas ; mais le climat et le sol de cette partie du Nouveau Monde sont très propices à l'élève des arabes.

D'après le recensement de 1891 la population chevaline de l'Australie et des îles qui en dépendent s'élevait au nombre de 1.786.644 ; notamment : 1.543.333 en Australie, 211.040 dans la Nouvelle-Zélande, 31.312 en Tasmanie et 959 dans les îles Fidji.

TABLE DES PLANCHES

TABLE DES PLANCHES.

TABLE DES GRAVURES

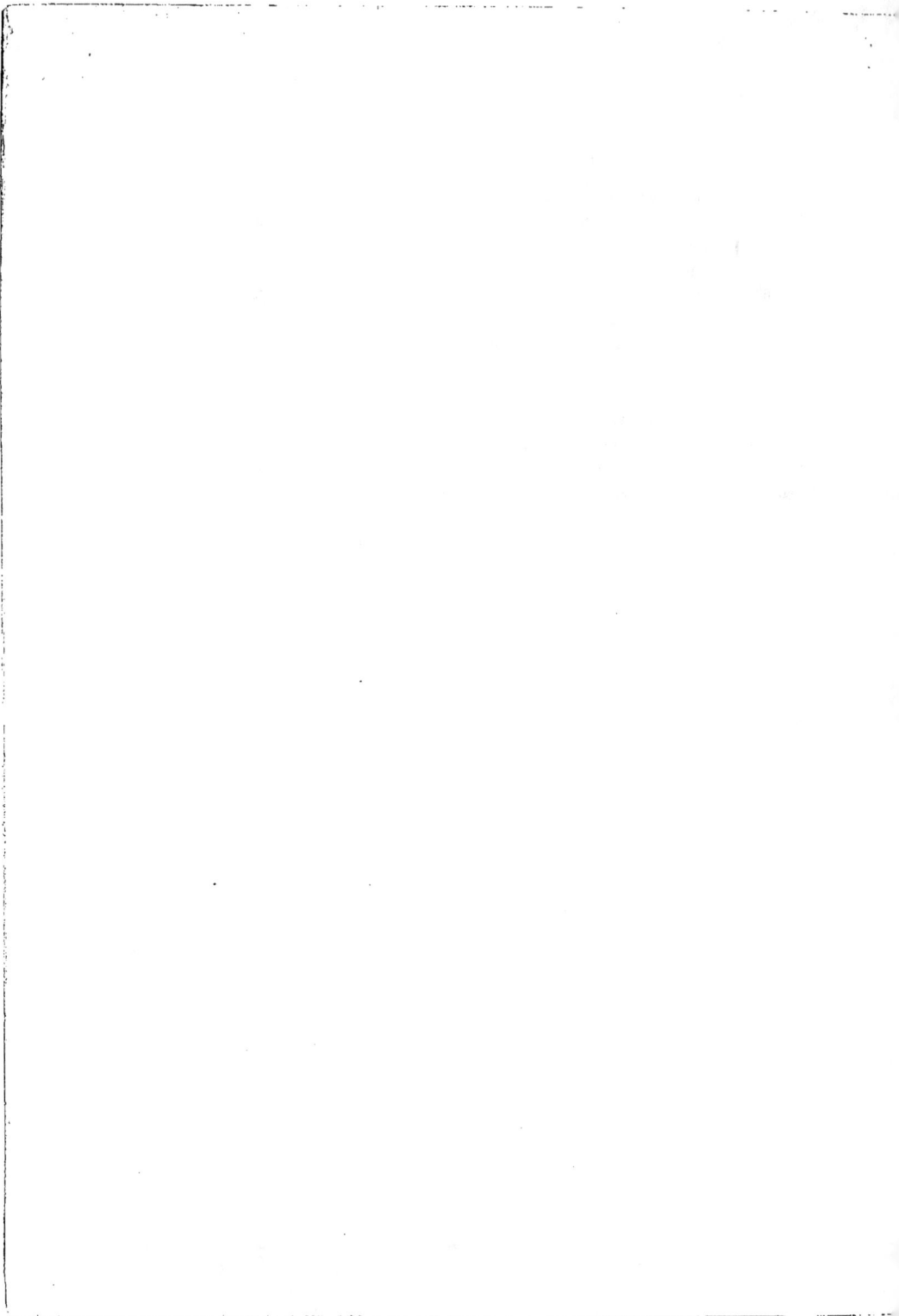

TABLE DES CHAPITRES

PREMIÈRE PARTIE

LE CHEVAL EN GÉNÉRAL ET L'ORIGINE DU CHEVAL DOMESTIQUE

DEUXIÈME PARTIE

LES CHEVAUX RUSSES

TROISIÈME PARTIE

LES CHEVAUX ANGLAIS

QUATRIÈME PARTIE

LES CHEVAUX FRANÇAIS

CINQUIÈME PARTIE

LES CHEVAUX ALLEMANDS

SIXIEME PARTIE

LES CHEVAUX AUSTRO-HONGROIS

SEPTIÈME PARTIE

LES CHEVAUX DES AUTRES PAYS DE L'EUROPE

HUITIÈME PARTIE

LES CHEVAUX DE L'AMÉRIQUE ET DE L'AUSTRALIE

TYP. FIRMIN-DIDOT ET Cie. — MESNIL-SUR-L'ESTRÉE (EURE).